大疆无人机

摄影航拍与后期教程

龙飞◎编著

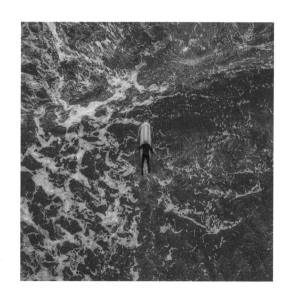

化学工业出版社

·北京·

内 容 简 介

　　本书是一本大疆无人机航拍与后期处理实战教程，全书共4篇：飞手入门篇、摄影实战篇、视频摄像篇、后期制作篇，包括11章专题。首先介绍了无人机的正确使用、注意事项、应急处理、飞行环境，然后讲解了无人机摄影的取景构图、拍摄模式、起飞准备、首飞技巧、飞行训练、智能航拍，接着介绍了无人机视频拍摄的场景选择技巧、参数设置、拍摄手法、运镜方式，最后讲解了航拍照片的修图方法、视频剪辑等内容。

　　本书结构清晰、语言简洁，适合大疆无人机的初学者、航拍新手，也可作为学校无人机相关专业的教材使用，以及作为CAAC（民用无人机驾驶执照）、AOPA（民用无人机驾驶航空器系统驾驶员合格证）、UTC（大疆无人机技术应用认证证书）、ASFC（遥控航空模型飞行员执照）等无人机执照考证的教材使用。此外，本书还随书赠送教学视频、PPT教学课件和电子教案，方便读者更灵活地学习。

图书在版编目（CIP）数据

　　大疆无人机摄影航拍与后期教程/龙飞编著. —北京：化学工业出版社，2023.12（2025.1重印）
　　ISBN 978-7-122-44160-7

　　Ⅰ.①大… Ⅱ.①龙… Ⅲ.①无人驾驶飞机—航空摄影—教材②图像处理软件—教材 Ⅳ.①TB869②TP391.413

　　中国国家版本馆CIP数据核字（2023）第173481号

责任编辑：王婷婷　李　辰　　　　　　　　　　　封面设计：异一设计
责任校对：刘曦阳　　　　　　　　　　　　　　　装帧设计：盟诺文化

出版发行：化学工业出版社（北京市东城区青年湖南街13号　邮政编码100011）
印　　装：北京宝隆世纪印刷有限公司
787mm×1092mm　1/16　印张11¾　字数280千字　2025年1月北京第1版第5次印刷

购书咨询：010-64518888　　　　　　　　　　　售后服务：010-64518899
网　　址：http://www.cip.com.cn
凡购买本书，如有缺损质量问题，本社销售中心负责调换。

定　　价：78.00元　　　　　　　　　　　　　　版权所有　违者必究

序 言

■ 市场优势

当今，几乎人手一部手机，可是用手机镜头拍摄照片和视频已经不能满足部分摄影发烧友的需求了。正所谓"上天入海"，不一样的场景才能创作出不一样的美景画面。对于目前的潜海摄影来说，还是会受到地域和海域空间的影响。

但是对于"上天"而言，几乎大部分地方都有辽阔的一片天，天有多高，无人机航拍就可以记录多远！所以，无人机航拍也越来越火热。用"上帝视角"观察芸芸众生、记录大地，用不一样的视觉角度感受地球的脉络、世界的精彩！

大疆在无人机航拍领域也是非常受欢迎的。目前，大疆在全球无人机市场中已经占据了 80% 的市场份额，在国内的市场份额已经突破了 70%。可以说，在全球的民用无人机企业当中，大疆的地位是不可撼动的！

■ 软件优势

目前，DJI GO 或 Fly 可以连接和操作大部分的大疆系列无人机，各种飞行动作和飞行模式都能在其飞行界面中完成，帮助用户拍摄出高清的航拍照片和视频，并自带一些简单基础的后期处理功能，让用户可以"现拍现做"。

醒图与剪映是字节跳动公司开发的两款王牌软件。一款用于照片的后期修图，一款用于短视频的剪辑，学会这两款软件，可以让你在当下的多媒体时代中不落伍，甚至创作出引领时尚潮流的图片与视频内容，从而吸引更多的流量，实现商业价值。

■ 本书特色

对航拍新人来说，首先，需要对自己进行定位，了解自己对摄影的需求，以及预算有多少；其次，了解大疆无人机系列，选择最适合自己的那一款；再者，掌握如何安全地飞行无人机，学会简单的飞行动作和一些高级镜头拍法；最后，才是照片和视频的后期处理。

本书是基于大疆无人机的摄影航拍与后期处理教程，主要从飞手入门、摄影实战、视频摄像、后期制作这 4 个方面展开介绍和教学，让读者可以深入浅出、由易到难，从前期到后期，快速了解无人机和掌握无人机的飞行拍摄方法。

本书图文并茂，特色鲜明。

一是系统全面：从无人机的入门基础知识到摄影构图与飞行动作，再到运镜技巧和智能飞行模式，最后到照片和视频的后期处理技巧。帮助用户从源头开始，奠定无人机安全飞行的基础，而且到最终的后期制作，都是手把手全面地教学！

二是实操实战：本书包含大量的实操案例，全都是实拍教学，让用户可以一目了然地学习照片和视频的后期处理，不仅内容全面，而且干货满满，让用户可以学有所成！

三是视频教学：本书的无人机飞行动作和航拍运镜技巧，全程图解，并配有拍摄现场录屏语音解说视频，让用户可以无忧学习；包括后期照片与视频的处理，也有醒图与剪映 App 的教学视频，让用户可以边看边学，学得轻松、学得迅速！

■ 思维导图

本书内容丰富、结构清晰，针对已经入职人员的职业技能思维导图如下：

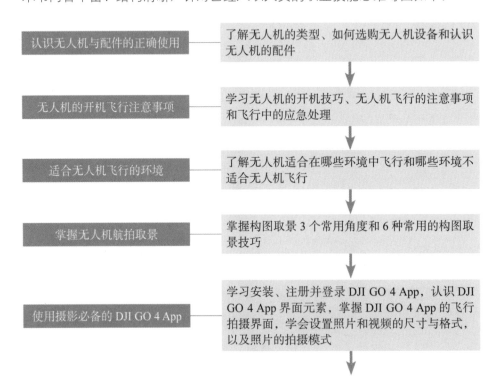

起飞前的准备工作与首飞技巧	学会拍摄之前做好拍摄计划、安全起飞的具体步骤与流程、检查无人机设备是否正常、如何安全起飞与降落
熟练飞行的动作助力空中摄影	学习6种入门级飞行动作和6组常用飞行动作
适合新手的简单飞行拍摄方法	掌握拉升镜头、下降镜头、前进镜头、后退镜头和俯视镜头的拍法
高手常用的航拍运镜拍摄技巧	掌握侧飞镜头、环绕镜头、旋转镜头智能飞行模式
使用醒图App一键快速修照片	掌握图片的基本调节、添加文字和贴纸、其他操作
使用剪映App剪辑视频	掌握视频的基本剪辑操作、添加视频特效、添加字幕和背景音乐

■ 课程安排

本书的课时分配具体如下（教师可以根据自己的教学计划对课时进行适当调整）。

章节内容	课时分配	
	教师讲授	学生线下实训
第1章　认识无人机与配件的正确使用	20分钟	0分钟
第2章　无人机的开机飞行注意事项	20分钟	0分钟
第3章　适合无人机飞行的环境	20分钟	0分钟
第4章　掌握无人机航拍取景	20分钟	0分钟
第5章　使用摄影必备的DJI GO 4 App	30分钟	10分钟
第6章　起飞前的准备工作与首飞技巧	40分钟	20分钟
第7章　熟练飞行的动作助力空中摄影	20分钟	20分钟
第8章　适合新手的简单飞行拍摄方法	30分钟	30分钟
第9章　高手常用的航拍运镜拍摄技巧	40分钟	40分钟
第10章　使用醒图App一键快速修照片	30分钟	30分钟
第11章　使用剪映App剪辑视频	30分钟	30分钟
合　　计	5小时	3小时

■ 温馨提示

在编写本书时，笔者是基于醒图、剪映软件截的实际操作图片，但书从编辑到出版需要一段时间，在这段时间里，软件界面与功能会有调整与变化，比如删除了某些内容，增加了某些内容，这是软件开发商做的更新，很正常，请在阅读时，根据书中的思路，举一反三，进行学习即可，不必拘泥于细微的变化。

■ 素材获取

读者可登陆 https://cip.com.cn/Service/Download（化学工业出版社有限公司官网）搜索书名下载或扫描二维码加入 QQ 群：706506381，获取书中配套视频和其他附赠素材。

■ 作者售后

本书由龙飞编著，参与编写的人员还有邓陆英，提供视频素材和拍摄帮助的人员有胡杨、黄建波、王甜康、谭俊杰等人，在此表示感谢。

由于作者知识水平有限，书中难免有疏漏之处，恳请广大读者批评、指正，联系微信：157075539。

龙 飞

2023 年 5 月

目　录

【飞手入门篇】

【摄影实战篇】

【视频摄像篇】

【后期制作篇】

【飞手入门篇】

第1章
认识无人机与配件的
正确使用

无人机在刚出现的时候，是作为军用设备使用的，后来随着技术的发展，无人机在农业、气象、城市管理、巡逻检测和视频拍摄中得到广泛应用。如今，无人机航拍也越来越流行，无人机甚至成为许多摄影师和航拍爱好者的拍摄利器。本章将带大家认识无人机，让大家对其有基本的了解。

1.1 了解无人机的类型

在无人机航拍领域中，大疆系列的无人机是应用最广泛的，其中常见的无人机类型主要有大疆精灵系列、大疆御系列及大疆悟系列等。本节将向用户介绍无人机的一些基础知识和大疆的系列无人机，用户可以选择一款适合自己的无人机入手。

1.1.1 什么是无人机

在很早以前，无人机技术没有这么成熟的时候，摄影航拍爱好者都是自己亲手制作无人机，用来航拍照片，而现在大疆开发了这些小巧、轻便的无人机，方便摄影人士旅行携带，这也使得无人机在摄影圈中迅速火起来了。图1-1所示为大疆Air 2S，一款轻旗舰无人机。

图 1-1　大疆 Air 2S

大疆是目前世界范围内航拍领域的领先者，先后研发了不同的无人机系列，相机功能也十分强大，大疆Mini 3 PRO无人机拥有4800万像素航拍相机，拍摄的画面十分清晰。

1.1.2 大疆Mini系列

大疆Mini系列无人机比较偏向于入门级，包括大疆Mini SE、大疆Mini 2、大疆Mini 2 SE、大疆Mini 3、大疆Mini 3 PRO等不同型号，设计非常美观，操作也很简单，非常适合航拍初学者使用。下面分别对大疆Mini系列的部分型号进行简单介绍。

1. 大疆Mini 2系列

大疆Mini 2系列是一款轻于249克，性能经过全面升级的无人机，拥有1200万像素镜头，可以拍摄4K/30fps视频，轻便又强大，而且价格非常友好，用户购买之后，可立即实现飞行。该系列无人机还有易操作、易维护的特点，能让初学者轻而易举地学会无人机的使用。

2. 大疆Mini SE系列

大疆Mini SE系列比Mini系列更便宜，不过在参数上有所删减。如大疆Mini 2 SE，仅支持拍摄2.7K/30fps视频，所以在像素上有一些影响。不过，大疆Mini 2 SE还有4倍数字变焦、10千米高清数字图传、稳定悬停、自动返航、一键短片和全景照片、最大抗风等级5级的特点。所以，新手用户可以根据自己的预算进行选择购买。

3. 大疆Mini 3系列

大疆Mini 3系列继承了Mini系列的重量轻、对新手友好和航拍画质高的特点。用户可以通过大疆 RC带屏遥控机和相应的拍摄App对相机的曝光和快门参数进行单独控制。大疆Mini 3还支持无损竖拍、多种智能拍摄模式和4K HDR拍摄。用户在购买的时候，可以选择购买有带屏遥控器或者只有普通遥控器的套餐。

4. Mini 3 PRO系列

大疆Mini 3 PRO系列是大疆在前面几款Mini系列的基础上做了诸多改进，推出的一代最新款升级产品。大疆Mini 3 PRO不仅重量低于249克，更升级了避障系统，拥有前后下视三向双目避障系统，减少"炸机"概率，全面保障飞行。大疆Mini 3 PRO还有47分钟的长续航电池可选，让无人机可以飞得更久；更有4800万像素的大师镜头配置，支持延时摄影、焦点跟随、无损竖拍等模式，全面提升用户的航拍体验感。大疆Mini 3 PRO（带屏遥控器）如图1-2所示。

图 1-2　大疆 Mini 3 PRO（带屏遥控器）

1.1.3 大疆御系列

大疆的御（Mavic）系列继承了可折叠、体积小、便携带的特点，除了可以在旅行的时候带出去航拍风光，在一些商业视频制作方面都可以发挥出不错的水平。目前，大疆御系列最长的飞行时间可达46分钟左右，最远可实现15千米的图传距离。

大疆御系列已更新到Mavic 3系列，也就是"御3"。大疆Mavic 3系列的影像性能相比大疆Mavic 2有大幅提升。大疆Mavic 3采用4/3 CMOS哈苏相机，搭配等效24mm镜头，支持28倍混合变焦，最高可录制5.1K/50fps或4K/120fps视频，提升了创作空间；感知系统也全面升级为全向避障系统，并且支持更强大的辅助飞行功能（Advanced Pilot Assistance Systems，APAS）——APAS 5.0和高级智能返航，让用户拍摄更省心、飞行更放心，如图1-3所示。

图 1-3　大疆 Mavic 3

大疆也将在2023年或者2024年发布大疆Mavic 4系列，感兴趣的用户可以持续关注。

1.1.4 大疆悟系列

大疆悟系列的无人机包含两款，一款是Inspire 1系列，是全球首款可变形的航拍无人机飞行器，支持4K拍摄；另一款是Inspire 2系列，该款无人机适合高端电影、视频创作者使用，机身更加坚固，重量也更轻，如图1-4所示。

图 1-4　大疆 Inspire 2 无人机

🌀 1.2 如何选购无人机设备

市场上的无人机品类那么多,到底哪一款无人机才适合自己呢?首先要问问自己,购买无人机主要用来做什么?知道了购买目的,对照无人机的功能和用途,就能找到适合自己的无人机设备。本节主要介绍选购无人机设备的相关知识和技巧。

1.2.1 选择适合自己的无人机

我们在选购无人机的时候,不仅要从无人机的用途出发来选购,还要选择一款性价比较高的无人机。如果用来拍摄影视作品,那么建议选择大疆的悟(Inspire)系列。Inspire 2作为全新的专业影视航拍设备,非常适合拍摄影视剧画面的用户,它能拍摄4K视频,就算是在强光下拍摄,也能看到清晰的图传画面。

如果你是摄影爱好者,又喜欢出去旅游,希望用无人机来记录美好的山水风光,那么建议你购买大疆Mini或者Mavic系列无人机,不仅能拍摄出高清的画质,出门携带也非常方便、轻巧,一只手就能轻松拿下,出行没有负担。图1-5所示为大疆御Mavic系列无人机在空中飞行时航拍的画面效果。

图 1-5 大疆御 Mavic 系列无人机航拍的画面效果

如果你是一位航拍新手，还不懂无人机的基本使用，只是对航拍比较感兴趣，想学一学无人机的拍摄技术，那么建议你先购买一台入门级的无人机，先自己练练手，最好选择价格低一点的，这样就算摔坏了也不会心疼。玩无人机的新手是最容易"炸机"的，因为飞行技术不熟练，或者对无人机不了解，导致飞行不当，造成无法挽回的损失。

1.2.2　购买无人机时的物品清单

购买无人机之前，首先需要了解关于无人机的物品清单，以免出现配件缺失或遗漏的现象。下面以大疆Mavic 3为例，标配物品清单如图1-6所示。

图1-6　物品清单

大疆Mavic 3专业版无人机机身自带8GB机载内存，一般情况下，这个容量是完全不够用的，建议用户自行购买内存卡来扩展容量，而且Mavic 3无人机只有一块电池，每次只能飞46分钟左右，建议用户再购买1～2块电池备用。

用户在购买的时候也可以直接升级套餐，比如选择购买京东官网的"大师套装"套餐，就可以拥有1个带屏遥控器、2套中性灰密度镜（Neutral Density Filter，ND）、3块电池、6对桨叶、1个充电管家、1个多功能收纳包和标配配件。多准备一些装备，以防不时之需，让使用过程更加顺心。

1.2.3　掌握无人机的规格参数

我们在购买无人机之前，首先需要了解无人机的一些规格参数，比如无人机的工作环境、云台的参数、镜头的参数、照片的拍摄尺寸及视频的分辨率等，以此确定其功能是否符合自己的需求。下面以大疆Mavic 3专业版为例，进行相关介绍。

1. 飞行器的规格参数

➢ 起飞重量：895g

➢ 最大水平飞行速度：21m/s（运动模式，海平面附近无风环境）

➢ 最大起飞海拔高度：6000m

➢ 工作环境温度：-10℃至40℃

➢ 工作频率：2.4GHz（穿透性较好），5.8GHz（在无线电复杂环境下干扰会少点）

2. 云台的规格参数

➢ 可控转动范围（俯仰）：-135°至+100°

➢ 可控转动范围（偏航）：-27°至+27°

3. 相机的规格参数

➢ 影像传感器：哈苏相机4/3互补金属氧化物半导体（Complementary Metal Oxide Semiconductor，CMOS）；有效像素2000万

➢ 视角：约84°

➢ 等效焦距：24mm

➢ 光圈：f/2.8～f/11

➢ 可对焦范围：1m至无穷远

➢ 视频ISO范围：100～6400

➢ 照片ISO范围：100～6400

➢ 电子快门速度：8s～1/8000s

➢ 最大照片尺寸：5280×3956

➢ 照片拍摄模式：单张拍摄、多张连拍、自动包围曝光、定时拍摄

➢ 录视频分辨率：5.1K（5120×2700@24/25/30/48/50fps）、DCI 4K（4096×2160@24/25/30/48/50/60/120*fps）、4K（3840×2160@24/25/30/48/50/60/120*fps）

➢ 视频存储最大码流：哈苏相机H.264/H.265码率200Mbps

➢ 图片格式：JPEG/DNG（RAW）

➢ 视频格式：MP4/MOV（MPEG-4AVC/H.264，HEVC/H.265）

➢ 支持存储卡类型：Micro SD卡，最小支持64GB容量，最大支持512GB容量

4. 遥控器的规格参数

➢ 工作环境温度：-10℃至40℃

➢ 支持的最大移动设备尺寸：DJI RC-N1 遥控器；长180mm，宽86mm，高10mm；接口类型有Lightning、Micro USB（Type-B）、USB-C

➢ 最长续航时间：未给移动设备充电的情况下是6h；给移动设备充电的情况下是4h

5. 充电器与电池的规格参数

➢ 充电器输入电压：100V至240V（交流电）

> ➤ 充电器额定功率：65W
> ➤ 电池容量：5000mAh
> ➤ 电池电压：17.6V（满充电压），15.4V（典型电压）
> ➤ 电池类型：Li-ion 4S
> ➤ 充电环境温度：5℃至40℃
> ➤ 充电耗时：约96分钟（搭配DJI 65W便携充电器自带数据线）

◎ 1.3 认识无人机的配件

　　无人机的配件包括遥控器、操作杆、状态显示屏、摇杆、螺旋桨、电池等，熟练掌握这些配件的使用方法、功能与特性，可以帮助用户更好、更安全地飞行无人机，本节将对这些内容进行详细介绍。

1.3.1 认识遥控器

扫码看教学视频

　　以大疆Mavic 2专业版为例，这款无人机的遥控器采用OCUSYNCTM1.0高清的图传技术，通信距离最大可在8千米以内，通过手机屏幕可以高清显示拍摄的画面，遥控器的电池最长工作时间为1小时15分钟左右。

　　大疆Mavic 2专业版的遥控器电池最长工作时间为1小时15分钟左右，在未使用无人机的情况下，遥控器是折叠起来的，如图1-7所示。如果我们需要使用无人机，就需要展开遥控器。首先，把遥控器的天线展开，确保两根天线平行，否则天线会影响飞行器的GPS信号与指南针信号，如图1-8所示。

图1-7　折叠起来的遥控器　　　　　　　图1-8　天线展开的遥控器

　　接下来，把遥控器底端的手柄打开，这个位置是放置手机的位置。下面介绍遥控器上的各功能按钮，如图1-9所示。

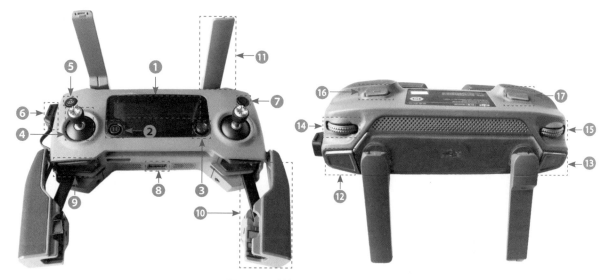

图 1-9　遥控器上的各功能按钮

❶ 状态显示屏：可以实时显示飞行器的飞行数据，如飞行距离、飞行高度，以及剩余的电池电量等信息。

❷ 急停按钮：当飞行器在飞行的过程中，如果中途出现特殊情况需要停止飞行，可以按下此按钮，飞行器将停止当前的一切飞行活动。

❸ 五维按钮：这是一个自定义功能按钮，可以对五维按钮的功能进行自定义设置。

❹ 可拆卸摇杆：摇杆主要负责飞行器的飞行方向和飞行高度，如前、后、左、右、上、下及旋转等。

❺ 智能返航按钮：长按智能返航按钮，将发出"嘀嘀"的声音，此时飞行器将返航至最新纪录的返航点。在返航过程中，还可以使用摇杆控制飞行器的飞行方向和速度。

❻ 主图传/充电接口：接口为 Micro USB，该接口有两个作用，一是用来充电；二是用来连接遥控器和手机，通过手机屏幕查看飞行器的图传信息。

❼ 电源按钮：首先短按一次电源按钮，然后再长按 3 秒，即可开启遥控器。

❽ 备用图传接口：这是备用的 USB 图传接口，

可用于连接 USB 数据线。

❾ 摇杆收纳槽：当用户不再使用无人机时，需要将摇杆取下，放进该收纳槽中。

❿ 手柄：双手握着，手机放在两个手柄中间的卡槽位置，用于稳定手机等移动设备。

⓫ 天线：用于接收信号信息，准确与飞行器进行信号接收与传达。

⓬ 录影按钮：按下该按钮，可以开始或停止视频画面的录制操作。

⓭ 对焦/拍照按钮：当该按钮为半按状态时，可为画面对焦；按下该按钮，可以进行拍照。

⓮ 云台俯仰控制拨轮：可以实时调节云台的俯仰角度和方向。

⓯ 光圈/快门调节拨轮：可以实时调节光圈和快门的具体参数。

⓰ 自定义功能按钮 C1：默认情况下，该按钮用于中心对焦，用户可以在 DJI GO 4 的"通用设置"界面中，自定义设置功能按钮。

⓱ 自定义功能按钮 C2：默认情况下，该按钮用于回放，用户可以在 DJI GO 4 的"通用设置"界面中，自定义设置功能按钮。

1.3.2 认识状态显示屏

要想安全地飞行无人机，就需要熟练掌握遥控器状态显示屏中的各功能信息，这可以帮助我们随时掌握无人机在空中飞行的动态，让飞行操作更加得心应手，如图1-10所示。

下面介绍状态栏中各信息的含义。

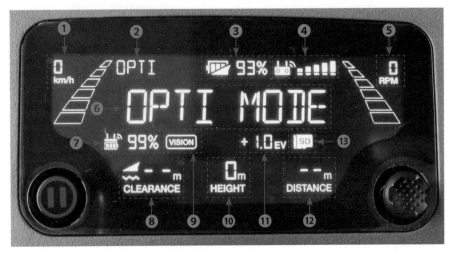

图 1-10 遥控器状态显示屏

❶ 飞行速度：显示飞行器当前的飞行速度。

❷ 飞行模式：显示当前飞行器的飞行模式，OPTI 是指视觉模式，如果显示的是全球定位系统（Global Positioning System，GPS），则表示当前是 GPS 模式。

❸ 飞行器的电量：显示当前飞行器的剩余电量信息。

❹ 遥控器信号质量：五格信号代表信号非常强，如果只有一格信号，则表示信号弱。

❺ 电机转速：显示当前电机转速数据。

❻ 系统状态：显示当前无人机系统的状态信息。

❼ 遥控器电量：显示当前遥控器的剩余电量信息。

❽ 下视视觉系统显示高度：显示飞行器下视视觉系统的高度数据。

❾ 视觉系统：此处显示的是视觉系统的名称。

❿ 飞行高度：显示当前飞行器起飞的高度。

⓫ 相机曝光补偿：显示相机的曝光补偿。

⓬ 飞行距离：显示当前飞行器起飞后与起始位置的距离。

⓭ SD 卡（Secure Digital Memory Card）：即存储卡，SD 卡的检测提示，表示 SD 卡正常。

1.3.3 认识摇杆的操控方式

摇杆的操控方式有两种，用无人机航拍圈内的话说，就是"美国手"与"日本手"。

➤ "美国手"：就是左摇杆控制飞行器的上升、下降、左转和右转操作，右摇杆控制飞行器的前进、后退、向左和向右的飞行方向，如图1-11所示。

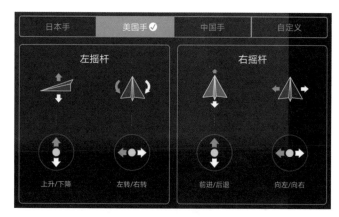

图 1-11　"美国手"的操控方式

> "日本手"：就是左摇杆控制飞行器的前进、后退、左转和右转，右摇杆控制飞行器的上升、下降、向左和向右飞行。

本书以"美国手"为例，介绍摇杆的具体操控方式，这是学习无人机飞行的基础和重点，能不能安全飞好无人机，就全靠对摇杆使用的熟练度了，希望大家熟练掌握。

下面介绍左摇杆的具体操控方式。

> 向上推杆：表示飞行器上升。
> 向下推杆：表示飞行器下降。
> 向左推杆：表示飞行器逆时针旋转。
> 向右推杆：表示飞行器顺时针旋转。
> 当左摇杆位于中间位置时，飞行器的高度、旋转角度均保持不变。

下面介绍右摇杆的具体操控方式。

> 向上推杆：表示飞行器向前飞行。
> 向下推杆：表示飞行器向后飞行。
> 向左推杆：表示飞行器向左飞行。
> 向右推杆：表示飞行器向右飞行。

★ 专家提醒 ★

当飞行器起飞时，应该将左摇杆缓慢地往上推，让飞行器缓慢上升，慢慢离开地面，这样飞行才安全。在向上、向下、向左、向右推杆的过程中，推杆的幅度越大，飞行的速度越快。

1.3.4　认识螺旋桨

大疆Mavic 2专业版无人机使用降噪快拆螺旋桨，桨帽分为两种，一种是带白色圆圈标记的螺旋桨，另一种是不带白色圆圈标记的螺旋桨，如图1-12所示。

扫码看教学视频

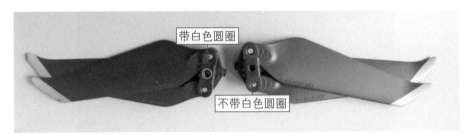

图 1-12　带白色圆圈和不带白色圆圈标记的螺旋桨

1. 安装方法

将带白色圆圈的螺旋桨安装至带白色标记的安装座上，如图1-13所示；将不带白色圆圈的螺旋桨安装至不带白色标记的安装座上，如图1-14所示。

图 1-13　带白色标记的安装座

图 1-14　不带白色标记的安装座

将桨帽对准电机桨座的孔，如图1-15所示，嵌入电机桨座并按压到底，再沿边缘旋转螺旋桨到底，松手后螺旋桨将弹起锁紧，如图1-16所示。注意：一定要检查螺旋桨有没有锁紧。

图 1-15　将桨帽对准电机桨座的孔

图 1-16　螺旋桨将弹起锁紧

2. 拆卸方法

当我们不需要再飞行无人机了，就可以将无人机收起来。在折叠收起无人机的过程中，需要将螺旋桨也收起来，这样可以防止螺旋桨伤到人或自己受伤。拆卸螺旋桨的方法很简单，只需用力按压桨帽到底，然后沿螺旋桨所示锁紧方向反向旋转螺旋桨，即可拧出和拆卸下来。

1.3.5 检查电池电量并充电

扫码看教学视频

无人机电池上面有一个开关按钮，按一下开关按钮，会显示一个电量指示灯，电量指示灯由4格电量表示，从低到高显示电量，如图1-17所示。

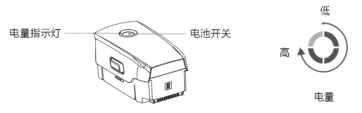

图 1-17 电量指示灯和电池开关

冬天的时候，如果外部环境温度过低，电池可能会出现充不进电的情况。这时不要慌张，只需把电池放到温暖的环境下加温，待电池有了一定温度后再充电，就没有问题了。

正确的充电方法是，将电源适配器的插槽与电池插槽连接，再将插头与插座孔连接。当电池充满电后，要及时拔下，以免引发爆炸事件。

本章小结

本章主要向大家介绍了无人机的类型、如何选购无人机设备和认识无人机的配件，帮助大家了解大疆无人机系列，选购出适合自己的无人机，以及购买无人机之后，如何检查设备和认识相应的配件。通过对本章的学习，希望大家可以对无人机有一个基本的了解。

课后习题

鉴于本章知识的重要性，为了帮助大家更好地掌握所学知识，本节将通过课后习题，帮助大家进行简单的知识回顾和补充。

1. "美国手"左右摇杆的控制方向分别是哪些？
2. 如何对无人机的电池电量进行检查并正确充电？

第 2 章
无人机的开机飞行
注意事项

当用户购买了无人机后，需要掌握正确的开机顺序，以及固件升级事项，在开始起飞前还需要熟悉相关的注意事项。当我们在飞行无人机的过程中，还会遇到很多突发事件，比如深夜飞行找不到无人机了、指南针受到干扰等问题。本章将向用户介绍如何开机以及处理飞行中的常见突发事件。

2.1 无人机的开机技巧

无人机开机之前，首先，要检查无人机的状态，比如螺旋桨有没有装好？电池有没有卡紧？其次，要掌握无人机的开机顺序，到底是先开飞行器还是先开遥控器呢？开机之后，有时候会提示用户固件需要升级，此时需要对固件进行升级操作，以便更安全地飞行无人机。本节主要介绍无人机的相关开机技巧，希望用户熟练掌握本节内容。

2.1.1 检查无人机的状态

在无人机起飞前，一定要检查无人机的各部分是否安全，比如螺旋桨有没有装好，是否有松动或损坏，电池有没有卡紧等，如图2-1所示。

扫码看教学视频

无人机一共有4个螺旋桨，如果只有3个卡紧了，有一个是松动的，那么无人机在飞行的过程中很容易因为机身无法平衡造成炸机。用户在安装螺旋桨的时候，一定要正确安装，按逆顺的安装原则：迎风面高的桨在左边，是逆时针；迎风面低的桨在右边，是顺时针。

当我们将无人机放置在水平起飞位置后，应取下云台的保护罩，然后再按下无人机的电源按钮，开启无人机。在无人机飞行之前，我们还要检查无人机的电量是否充足，亮几格灯表示剩余几格电量，如图2-2所示。

图 2-1　检查无人机的各部分是否安全

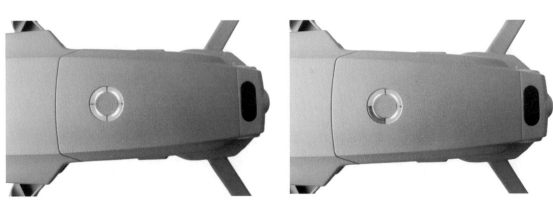

图 2-2　4格电量与3格电量的亮灯显示

2.1.2　注意无人机与遥控器的开机顺序

下面介绍开启无人机的顺序。

第一步：开启遥控器。

第二步：开启飞行器。

第三步：运行DJI GO 4 App。

下面介绍关闭无人机的顺序。

第一步：关闭飞行器。

第二步：关闭遥控器。

第三步：取下手机，断开连接。

其实，并没有严格意义上的开关机顺序，在大疆官方的说明书中，是先开遥控器，再开飞行器，这样的做法可以保证飞行器的安全，不会让飞行器连接到其他遥控器了。

如果用户周围有很多大疆无人机，而用户先开飞行器的话，有可能用户的飞行器与别人家的遥控器连接起来了，这样你就无法控制飞行器了。因为飞行器开启后，会自动搜索遥控器，并与之匹配连接。

2.1.3　固件升级操作

每隔一段时间，大疆都会对无人机系统进行升级操作，以修复系统漏洞，使无人机在空中更安全地飞行，在升级固件时，用户一定要保证有充足的电量。

每当开启无人机时，DJI GO 4 App都会进行系统版本的检测，界面上会显示相应的检测提示信息。如果系统的版本不是最新的，则界面会弹出提示信息，提示用户刷新固件，如图2-3所示；从左向右滑动按钮刷新，此时该按钮呈绿色，如图2-4所示。

图2-3　弹出提示信息

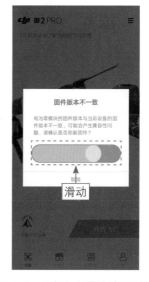

图2-4　从左向右滑动按钮刷新

稍后，界面上方显示固件"正在升级中"，并显示升级进度，如图2-5所示。点击升级进度信息，进入"固件升级"界面，其中显示了系统更新的日志信息，如图2-6所示。

图 2-5　显示升级进度

图 2-6　显示更新日志

待系统更新完成后，弹出提示信息框，提示用户"升级已完成，请手动重启飞行器"，点击"确定"按钮，如图2-7所示；然后重新启动飞行器，在手机屏幕中点击"完成"按钮，如图2-8所示，即可完成固件的升级操作。

图 2-7　点击"确定"按钮

图 2-8　点击"完成"按钮

★ 专家提醒 ★

无人机一块电池只能飞行30分钟左右，电量特别珍贵，而升级固件非常消耗电量，因此建议用户每次外出拍摄前，先在家里开启一次无人机，提前检查升级，方便后续飞行。

2.1.4　试飞无人机

检验与测试无人机的性能是验货的一个方面，主要包括无人机是否能正常起飞，以及测试电池的续航能力、抗风能力、低温检验等，如果用户自己还不会起飞无人机，可以请店家先验货试飞，然后你再根据店家的方法再操作一次。下面对验货知识进行相关介绍。

➢ 检验一：是否能正常起飞

测试遥控器上的摇杆功能，将无人机上升至5米的高度，练习上升、下降、向前、向后、向左、向右，检验是否能正常飞行。

➢ 检验二：测试电池的续航能力

将无人机的电池充满电，然后进行试验。将无人机上升至5米的高度并悬停，准备一个秒表开始计时，当无人机自动下降时停止计时，记录的时间即为最大续航时间。

➢ 检验三：抗风能力

在不小于6级风的环境下，看无人机是否能正常起飞、降落。

➢ 检验四：低温检验

将无人机放进环境试验箱中进行温度测试，将温度调为（-25±2）℃，试验的时间为16个小时，测试结束后在标准大气条件下恢复两个小时，然后再试试无人机是否能够进行正常的飞行工作。

🌐 2.2　无人机飞行的注意事项

在无人机飞行的过程中，有许多注意事项，如飞行与云台手的注意事项、地勤人员注意事项、升空注意事项及降落注意事项等。用户在飞行之前，对这些注意事项要有一定的了解，防患于未然，提早知道飞行中的各项安全隐患。

2.2.1　飞手与云台手的注意事项

有些无人机航拍（包括直升机和多旋翼航拍），是需要多人配合才能完成航拍工作的，这里涉及飞手与云台手的注意事项，下面分别进行说明。

（1）飞手与云台手要多配合联系，这样才能慢慢产生默契。

（2）云台手要认真观察，确认室外的GPS信号是否正常。

（3）云台手要保证遥控器的信号是否稳定，留意图传画面是否正常。

（4）云台手要时刻注意周围的环境，检查指南针是否出现异常。

（5）飞手和云台手都要时刻注意无人机飞行的高度、速度、距离，以及剩余电量等信息。

（6）云台手要时刻与地勤人员进行联系和沟通，确认无人机与地面障碍物的安全距离，保证无人机有一个安全飞行的环境。

2.2.2 地勤人员注意事项

作为地勤人员，在航拍的过程中要注意以下相关事项。

（1）随时与飞手和云台手保持沟通，相互交流信息，并提供飞机的实时飞行信息。

（2）地勤人员要时刻关注无人机周围的环境，及时发现障碍物，规避飞行风险。

（3）地勤人员要观察附近空域是否安全，是否有其他飞机或不明动物飞行。

（4）地勤人员要时刻关注天空中的风速情况，并关注天气情况，在下雨、下雪、下冰雹之前，要提前通知飞手与云台手收起无人机，结束飞行。

（5）地勤人员要为飞手与云台手提供一个安静的操作环境，如果周围有一些无关的人员，要及时提醒他们保持一定的距离，不能影响飞手与云台手。

2.2.3 无人机升空注意事项

用户在起飞无人机后，首先将无人机上升至5米的高度，然后悬停一会儿，试一试前、后、左、右的飞行动作，检查无人机在飞行过程中是否顺畅、稳定。当用户觉得无人机各功能没问题后，再缓慢上升至天空中，以天空的视角来俯瞰大地，发现美景，如图2-9所示。在飞行的过程中，遥控器的天线与无人机的脚架要保持平行，而且天线与无人机之间不能有任何遮挡物，以免影响遥控器与无人机之间的信号传输。

图 2-9 以天空的视角来俯瞰大地

2.2.4 无人机返航/降落注意事项

无人机返航时，对新手来说，都喜欢用"一键返航"功能，作者建议用户少用这个功能，因为"一键返航"功能也称为"一键放生"。如果用户没有及时刷新返航点，那么用户使用"一键返航"功能后，无人机可能就会飞到最开始的起飞地点了。不过，如果用户及时刷新了返航点，那么使用"一键返航"功能还是比较实用的。

在操控无人机降落的过程中，一定要确认降落点是否安全，地面是否平整，时刻注意返航的电量情况，对于凹凸不平的地面或山区，是不适合无人机降落的，如图2-10所示。如果用户在这种不平整的地面降落无人机的话，可能会损坏无人机的螺旋桨。

图2-10　凹凸不平的地面或山区

在无人机降落之前，一定要隔离地面无关人员，选择人群较少的环境下降落。因为不管是人受伤还是无人机受伤，都会造成一定的损失，所以无人机的降落安全一定要重视。

2.3　飞行中的应急处理

在无人机飞行的过程中，有时候设备也会出现一些突发情况，比如深夜飞行找不到无人机、遥控器信号中断、无人机炸机等情况。当出现这些情况时，我们又该如何处理呢？本节主要介绍一些飞行中的应急处理技巧。

2.3.1　深夜飞行找不到无人机怎么办

如果用户在深夜飞行时找不到无人机了，也不要紧张，这里教用户一种方法，在DJI GO 4 App飞行界面的左下角，点击地图预览框，如图2-11所示。

图 2-11 点击地图预览框

此时，会打开地图界面，可以看到红色飞机与用户目前所在位置相差的距离，将红色飞机的箭头对向自己的位置，如图2-12所示，然后通过拨动摇杆的方向，飞回来即可。

图 2-12 将红色飞机的箭头对向自己的位置

2.3.2 飞行中突遇大风怎么办

当天气不太好，遇到大风的时候，尽量不要飞行，以免大风把无人机直接刮走，因为天空中较强的气流容易造成机体的不稳定，影响无人机的平衡，容易炸机。

如果在飞行途中，突然遇到了大风或者比较恶劣的天气，用户应该尽快下降无人机，或者在低空中稳速、缓慢地飞回来。必要时用户可以选择一个相对安全的地点先降落，然后再前往相应的地点取回无人机。

2.3.3 遥控器信号中断了怎么办

在飞行的过程中，如果遥控器的信号中断了，这个时候千万不要去随意拨动摇杆，先观察一下遥控器的指示灯。如果指示灯显示红色，则表示遥控器与无人机的连接已中断，这个时候无人机会自动返航，用户只需在原地等待无人机返回即可，调整好遥控器的天线，随时观察遥控器的信号是否与无人机已连接上。

当用户恢复遥控器与无人机的信号连接后，要找出信号中断的原因，观察周围的环境对无人机有哪些影响，以免下次再遇到这样的情况。

2.3.4　指南针受到干扰怎么办

在无人机起飞之前，当指南针受到干扰后，DJI GO 4 App左上角的状态栏中会显示指南针异常的信息提示，而且会以红色显示，如图2-13所示，提示用户移动无人机或校准指南针。这个时候，用户只需按照界面提示重新校准指南针即可，这是比较容易解决的问题。

图 2-13　显示指南针异常的信息提示

比较麻烦的情况是，当无人机在空中飞行的时候，状态栏提示指南针异常，这个时候飞行器为了减少干扰会自动切换到姿态模式，而无人机在空中飞行时会出现漂移的现象。此时用户千万不要慌乱，建议用户轻微地调整摇杆，保持无人机的稳定，然后尽快离开干扰区域，将无人机飞行到安全的环境中进行降落。

2.3.5　无人机在空中失控怎么办

如果用户不知道无人机失联前在天空中的哪个位置，此时可以用手机打大疆官方的客服电话，通过客服的帮助寻回无人机。除了寻求客服的帮助，我们还有什么办法可以寻回无人机呢？下面介绍一种特殊的位置寻回法，具体步骤如下。

步骤01 进入DJI GO 4 App主界面，点击右上角的设置按钮≡，如图2-14所示。

步骤02 在弹出的列表中，❶选择"找飞机"选项，在打开的地图中可以找到目前无人机的位置；❷还可以在该列表中选择"飞行记录"选项，如图2-15所示。

步骤03 进入个人中心界面，点击最底下的"记录列表"板块，如图2-16所示。

图 2-14　点击设置按钮　图 2-15　选择"飞行记录"选项　图 2-16　点击"记录列表"板块

步骤 04 在"飞行数据全部"界面中点击最近飞行的记录，如图2-17所示。

步骤 05 在打开的地图界面中，可以查看无人机的飞行记录，如图2-18所示。

步骤 06 将界面底端的滑块拖曳至右侧，可以看到飞行器最后时刻的坐标值，如图2-19所示，通过这个坐标值，也可以找到飞机的大概位置。目前大部分无人机坠机记录点的误差在10米以内，别人就算捡到了无人机，没有遥控器也是没用的。

  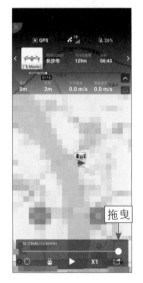

图 2-17　点击最近飞行的记录　图 2-18　查看最后一条记录　图 2-19　查看无人机坐标值

★ 专家提醒 ★

无人机在飞行的过程中，由于飞得过高，或者受到周围环境的影响，导致信号受到干扰，有可能引发无人机的失联。这个时候，用户不要紧张，无人机丢失信号后，一般情况下会自动下降，用户可以想一想无人机大概在哪个位置，往那个方向慢慢地靠近，有时候信号增强就会恢复无人机的通信，这样也可以寻回无人机。

2.3.6　无人机炸机了，如何处理

大疆的无人机，从购买之日开始，保险的有效期是一年时间，这一年内如果出现炸机的情况，用户可以拿着摔坏的无人机去大疆官网找客服重新换新机。但如果用户的无人机掉进水里了，捞不着无人机的"尸体"了，那就无法找大疆换新机，因为大疆换新机的标准是以旧换新。

一年的保险过期后，用户就不能找大疆免费换新机了。如果无人机出现故障导致了炸机的情况，用户也需要支付一定的维修费用。对新手来说，不建议用户在水上飞行，因为无人机掉进水里很难再捞出来，等于用户需要重新购买一台新机。

本章小结

本章主要向大家介绍了无人机的开机技巧、无人机飞行的注意事项和无人机的应急处理，帮助大家学会检查无人机的状态、正确开机、把握一些飞手、云台手和地勤人员的注意事项，以及飞行中如何应急处理一些突发事件。通过对本章的学习，希望大家可以顺利起飞、安全飞行、无忧降落！

课后习题

鉴于本章知识的重要性，为了帮助大家更好地掌握所学知识，本节将通过课后习题，帮助大家进行简单的知识回顾和补充。

1. 无人机和遥控器的开机顺序最好是谁先谁后？
2. 遥控器信号中断了，如何处理？

第 3 章
适合无人机飞行的环境

　　飞行无人机之前，我们需要了解无人机适合在哪些环境中飞行，这样才能给无人机创造一个安全的飞行环境，减少炸机的风险。本章主要围绕飞行环境进行讲解，主要包括乡村、山区、水面、公园及城市上空等。我们可以通过手机 App 工具查找有趣的拍摄点，及时掌握天气情况，拍摄出最美的航拍照片。

3.1 无人机适合在哪些环境中飞行

本节主要介绍适合无人机飞行的6种环境，如乡村、山区、水面、公园、城市上空及夜间环境等，还会介绍相关环境下飞行时的注意事项，希望用户熟练掌握。

3.1.1 飞行环境1：乡村地区

乡村的环境非常好，不仅安静，人也没有城市里那么多，相对来说飞行无人机的安全系数会高很多。但在乡村的上空中，电线和电话线会比较多，这一点需要用户特别注意，一定要到远离电线杆的区域飞行，以免无人机的信号受到干扰，导致炸机的后果。

在乡村飞行，最好选择一大片空旷的地方，这样的地方不仅人少、房子少、树木少，天上的电线也少。检查四周的环境后，确定安全了再起飞，如图3-1所示。

图3-1 乡村地区

用户刚开始飞行无人机时，如果条件允许，尽量带一个朋友出行，朋友会是一个很好的观察员，他能帮你观察无人机在天空中的位置，以及周围的飞行环境是否安全等，这个观察员能在很大程度上消除你心里的紧张和担心，提高无人机飞行的安全性。

我们在乡村航拍的时候，还要掌握光线这个重要的元素。摄影讲究光线的运用，如果想用无人机拍出好照片，那么首先需要找到最佳的光源和位置。比如，早晨的阳光就比较柔和，不至于过亮导致画面过曝，光线也不会很硬。

3.1.2　飞行环境2：山区拍摄

山区的风景是非常美的，如果无人机运用得好，能拍出很多震撼的场景，获得惊人的视觉效果。图3-2所示为在山区拍摄的高山美景，延绵起伏的山脉呈现出一片绿色的生机，整个画面给人的感觉非常舒适。

图 3-2　在山区拍摄的高山美景

我们在山区飞行无人机时，有4大要点需要用户掌握，非常重要。

1. 注意人身安全

我们在山区航拍的时候，一定要注意安全。首先就是人身安全，每走一步都要小心。用户飞行无人机的时候尽量不要随意走动，走动的时候一定要看路，千万不能眼睛看着手机屏幕，而脚在走路，这样是非常不安全的，要是一不小心脚踏空了，人就摔倒了。如果不小心摔在地上，只是身上破些皮；但如果摔下了悬崖，那就会有生命危险。

2. 注意GPS信号的稳定性

一般情况下，山区的GPS信号还是比较稳定的，主要是在无人机起飞的时候，容易出现GPS信号较难锁定的情况。除非用户在飞行无人机的时候，贴着陡崖或者峡谷，这样就会出现GPS信号不稳定。所以，当用户选择无人机的起飞点时，可以向上看看天空，若天空被山体、建筑物或者树木等遮挡比例超过40%，就会影响GPS卫星定位信号的稳定性；当遮挡物超过50%，GPS信号就比较难锁定了。

3. 注意天气情况

山区的天气是不太稳定的，环境气候比较独特，而且气流也比较大，上升下降的气流混在一起。如果这时候无人机在空中飞行，就会摇摇晃晃的，很难拍出稳定的画面。用户可以试想一下，我们在搭载民航飞机的时候，飞机在空中飞行时，如果遇到了强大的气流，都可能使飞机摇摇晃晃，更何况是那么小的无人机，安全性更需要特别注意。

另外，山区的天气变化多端，时而下雨，时而下雪，还有可能下冰雹，这些恶劣的天气对无人机的飞行都会产生威胁，所以用户需要时刻注意天气情况。

4. 拍摄器材准备充分

我们爬到那么高的山上拍摄山区的美景，需要一定的体力和时间，如果爬到山顶后，发现某些器材和设备没带，比如内存卡、电池等，那就非常痛苦了。所以上山之前，就一定要检查好必备的摄影器材是否已准备充分，比如内存卡的容量够不够，要不要多带几张；电池充满了电没有，充电宝有没有带上等。准备充分，才能不浪费宝贵的时间。

★ 专家提醒 ★

用户在山区飞行无人机时，建议带一块平整的板子，让无人机在板子上起飞，这样可以保证无人机的安全。因为山区的碎石和沙尘比较多，如果直接从沙地上起飞，会对无人机造成磨损。

3.1.3 飞行环境3：水面拍摄

用户可以让无人机沿水面飞行，拍摄出绝美的风光建筑倒影效果；用户也可以在高空俯拍水面周围的环境，进行整体展示。图3-3所示为无人机航拍的沱江周围的凤凰古镇，云雾缭

图 3-3　沱江周围美丽的凤凰古镇

绕，如同一幅古风古韵的水墨画。

　　虽然水面环境能拍出很多美丽的大片，但是我们还是要多了解一下水面拍摄的缺点与劣势，这样能帮助我们更安全地飞行。

　　当我们使用无人机沿着水面飞行的时候，无人机的下视视觉系统会受到干扰，无法识别无人机与水面的距离，就算无人机有避障功能，当它在水面上飞行的时候，由于水是透明的物体，因此无人机的感知系统也会受到影响，一不小心无人机就会飞到水里面去了。所以，一定要让无人机在你的可视范围内，这样才好规避水面飞行的风险。

★ 专家提醒 ★

　　一般情况下，不建议让无人机在水面上飞行拍摄，如果一定要飞行，建议飞得尽量高一点。

3.1.4 飞行环境4：公园拍摄

大部分公园里的风景都是非常美的，飞得高一点则阻挡物比较少，而且空气也很新鲜，非常适合外拍取景，如图3-4所示。

在公园里航拍时，请用户一定要注意，你所在的公园是不是国家的重点保护区，能不能利用无人机进行航拍。如果你没有得到允许就在该公园内飞行无人机，有可能会违反相关的法律条款。在大多数国家自然保护区内，飞行无人机都是非法的。比如，美国的所有公园内都是禁止飞行无人机的，而华盛顿这个城市更是全城禁飞。

另外，在节假日的时候，建议用户不要去公园航拍，因为那时候公园里面的游客非常多，避免发生第三方人身损失。

3.1.5 飞行环境5：城市上空

城市属于人口非常密集的区域，现在很多城市都是全城禁飞的，比如北京、广州等地区。如果用户想在城市上空飞行，一定要获得管理部门的拍摄许可。不要以为你可以在街道中随意起飞，这种想法是错误的。在禁飞区域，如果你没有得到相关部门的许可就随意起飞了，那么有可能警察会过来带走你或者你的无人机。

有一些城市的公共场所，也可能是私人拥有的，所以我们在城市上空进行航拍飞行之前，一定要先咨询相关的物业部门，得到许可后方能起飞，最好在大疆的官网上查一查你要开始航拍的地点，是否属于禁飞区域。

如果你拍摄的范围比较小，也没有什么特殊规定，更不会对周围的人群造成干扰，那么这种情况下还是可以在公共区域进行自由航拍的。

我们在城市上空拍摄时，一定要与地面保持一定的距离，要远离街道和人群，这样才能提高飞行的安全性，如图3-5所示。

图 3-4 公园航拍

图 3-5　城市上空航拍

3.1.6 飞行环境6：夜间拍摄

夜间航拍会受到光线的很大影响，当无人机飞到空中的时候，只能看到无人机的指示灯一闪一闪的，其他的什么也看不见。所以，建议大家尽量少在夜间拍摄。

可能很多用户觉得夜景很美，特别是觉得城市中穿流的汽车和灯光很华美。那么，在夜间飞行无人机进行航拍前，一定要在白天检查好这个拍摄地点，上空是否有电线或者其他障碍物，以免造成无人机的坠毁，因为晚上的高空环境是肉眼看不见的。

当我们在城市上空进行夜景拍摄时，一定要利用好周围的灯光，让无人机平稳、慢速地飞行，这样才能拍摄出清晰的夜景照片，如图3-6所示。

图 3-6　在城市上空拍摄的夜景效果

无人机中有一种拍摄模式是专门用于夜景航拍的，那就是"纯净夜拍"模式。使用这种模式拍摄出来的夜景效果非常不错，相当于华为手机中的"超级夜景"模式，大家可以试一试。还有一种是夜景慢门拍摄，在繁华的大街上，拍出汽车的光影运动轨迹。

★ 专家提醒 ★

我们在夜间拍摄前，最好使无人机在空中停顿5秒再按下拍照键，因为夜间航拍本来光线就不太好，拍出来的画面噪点比较多。最好不要在急速飞行的时候拍照，画面会模糊。

3.2　环境不佳是高频炸机的因素

在飞行无人机的过程中，环境不佳也是高频的炸机因素，所以我们要熟知哪些环境不适合飞行无人机，一定要选择安全的飞行环境，以免出现无人机坠毁或倾翻的情况。

3.2.1　机场是无人机的天敌

机场是无人机的天敌，如果用户不小心将无人机飞到了载人飞机的飞行区域，就会有安全风险，会威胁到载人飞机上乘客的安全。所以，我们不能在机场或机场附近飞行。无人机在空中飞行的时候，也不能影响航线上正在飞行的大型载人飞机，以免造成安全隐患。

3.2.2　高楼林立的CBD，影响无人机信号

无人机在室外飞行的时候，基本是靠GPS进行卫星定位，然后配合各种传感器，从而在空中安全地飞行，但在各种高楼林立的中央商务区（Central Business District，CBD）中，如图3-7所示，玻璃幕墙会影响无人机对信号的接收，影响空中飞行的稳定性，使无人机出现乱飞、乱撞的情况。而且这些高楼中有很多的Wi-Fi，这会对无人机的控制造成干扰，所以建议大家不要在高楼之间穿梭飞行无人机。

图 3-7　高楼林立的 CBD 环境

3.2.3 四周有铁栏杆、信号塔、高压线的环境

如果无人机起飞的四周有铁栏杆或者信号塔的话，也会对无人机的信号和指南针造成干扰。有高压线的地方，也不适合飞行，如图3-8所示，这些地方非常危险。

高压电线对无人机产生的电磁干扰非常严重，而且离电线的距离越近，信号干扰就越大，所以我们在拍摄的时候，尽量不要到有高压线的地方。如果在异常的情况下起飞，对无人机的安全有很大的影响。

图 3-8　四周有高压线的环境

★ 专家提醒 ★

无人机在空中飞行的时候，我们通过图传画面是很难发现高压电线的，只能自己抬头凭着肉眼去看。电线一般也不会太高，这一点在起飞时就要特别注意。

3.2.4 放风筝的地方，容易让电机和螺旋桨受伤，导致炸机

我们不能在放风筝的区域飞行无人机，风筝是无人机的天敌。为什么这么说呢？因为风筝都有一条长长的白线，而无人机在天上飞的时候，我们通过图传屏幕根本看不清这根线。而如果无人机在飞行中碰到了这条线，那么电机和螺旋桨就会被这根线卷住，迅速影响无人机在飞行中的稳定性，会使无人机的双桨无法平衡，严重一点的话，电机会被直接锁死，后果是直接炸机。

3.2.5 室内无GPS信号的场所，容易撞到物件

在室内飞行无人机，需要一定的水平，因为室内基本没有GPS信号，无人机是依靠光线进行视觉定位的，用的是姿态飞行模式，在飞行中偶尔会有不稳定感，稍有不慎就有可能出现无人机飘浮而撞到物件的情况。所以，不建议用户在室内飞行无人机。

在无人机降落之前，一定要隔离地面无关的人员，选择人群较少的环境降落。因为不管是人受伤还是无人机受伤，都会造成一定的损失，所以无人机的降落安全一定要重视。

3.2.6 恶劣的天气和温度，会导致无人机炸机

恶劣的天气和超高温或者低温天气，也会影响无人机的飞行状态。

一般推荐放飞无人机的室外风速是3级及以下，笔者也曾尝试过在4～5级大风中飞行，操控返航极其困难。如果室外的风速达5级以上，那就是大风，陆地上的小草和树木会摇摆，如果这时飞行无人机，无人机很容易被风吹走，这样的恶劣天气，是不适合让无人机飞行的。

除了上面所说的有5级以上大风不能飞，像大雨、大雪、雷电、有雾的天气，也不能飞。大雨容易把无人机淋湿，雨雪天气对无人机飞行有一定的阻力；雷电天气容易炸机；有雾的天气视线不好，拍出来的片子也不理想，湿度大的雾气也一样会打湿无人机。

但是如果雪停了，没那么冷的时候，可以让无人机飞出去拍摄雪景，风景十分美丽，如图3-9所示。

图3-9 雪停后的航拍美景

★ 专家提醒 ★

无人机的电池对环境气候比较敏感，容易受环境温度的影响。当用户在海拔6000米以上的区域飞行无人机时，由于空气稀薄，会导致无人机的电池及动力系统下降，无人机的

飞行性能会受到影响，致使其不受控制，这时就最容易炸机。因此，当地处海拔6000米以上时，不建议飞行无人机。

3.3　运用软件工具挑选拍摄地点与时间

除了上面介绍的飞行环境和不适合飞行的环境，用户还可以运用软件工具挑选出拍摄地点和拍摄时间。下面为大家介绍3款手机App，如Earth-元地球、奥维互动地图及全球潮汐等，如图3-10所示，可以帮助用户更好地进行航拍。

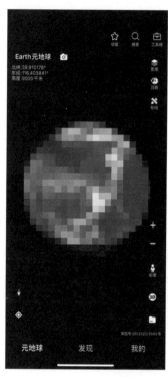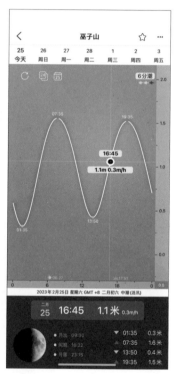

图3-10　Earth-元地球、奥维互动地图和全球潮汐App

比如，在全球潮汐App中，用户可以在地图上查看任意地点的潮汐、天气、日出及日落的时间等信息。用户在该App中不仅可以查看每小时的天气预报，还可以查看未来7天内每小时的天气预报，可以对大潮、中潮、小潮进行预测。让用户精确地掌握潮汐、日出与日落时间，不错过任何美景，用无人机航拍出最美的沿海风光片。

本章小结

本章主要向大家介绍了适合无人机飞行的环境、不适合无人机飞行的环境和一些可以选择拍摄地方和拍摄时间的App，帮助大家学会挑选最合适的拍摄时间和场所，拍出最佳的航拍大片。通过对本章的学习，希望大家可以记住这些要点，保证无人机的安全飞行。

课后习题

鉴于本章知识的重要性，为了帮助大家更好地掌握所学知识，本节将通过课后习题，帮助大家进行简单的知识回顾和补充。

1. 在城市上空飞行时，需要注意什么？

2. 用什么App可以提前查看潮汐、日出和日落的时间？

【摄影实战篇】

第4章
掌握无人机航拍取景

　　航拍取景也可称为"构图"，即在摄影创作过程中，在有限的、被限定了或平面的空间里，借助摄影者的技术、技巧和造型手段，合理安排所见的各个元素的位置，把各个元素结合并有序地组织起来，形成一个具有特定结构的画面。本章主要介绍无人机航拍取景技巧，帮助大家拍出震撼的航拍照片。

4.1 构图取景的 3 个常用角度

在摄影中，不论是用无人机还是相机，当选择不同的拍摄角度拍摄同一个物体的时候，得到的照片区别也是非常大的。不同的拍摄角度会带来不同的感受，并且选择不同的视点可以将普通的被摄对象以更新鲜、别致的方式展示出来。本节主要介绍构图取景的3个常用角度，即平视、仰视和俯视。

4.1.1 平视：展现景物的客观形态

平视是指在用无人机拍摄时，平行取景，取景镜头与拍摄物体高度一致，这样可以展现景物的客观形态。图4-1所示为在湘江上平视航拍的夜景照片，平视拍摄建筑可以让画面更加亲切一些，也符合人们的视觉观察习惯。

图 4-1 在湘江上平视航拍的夜景照片

★ 专家提醒 ★

平视斜面构图可以规避一些缺陷。比如，在拍摄雕像时，个别人物的眼睛大小不一样，在这种情况下可以使用左斜面式构图、右斜面式构图等，来扬长避短，使缺陷得到适当的修饰。使用平视斜面构图只拍摄建筑的一角，可以展现出很强烈的立体空间感。

4.1.2　仰视：强调高度和视觉透视感

在日常航拍摄影中，抬高相机镜头我们都可以理解成仰拍。仰拍的角度不一样，拍摄出来的效果自然不同，只有耐心和多拍，才能拍出不一样的照片。仰拍会让画面中的主体给人高耸、庄严、伟大的感觉，同时展现出视觉透视感。

图4-2所示为无人机微微仰拍的摩天轮画面，以树枝为前景进行衬托，体现出了摩天轮的高大，令人向往。

图4-2　无人机微微仰拍的摩天轮画面

4.1.3　俯视：体现纵深感和层次感

俯视，简而言之就是要选择一个比主体更高的拍摄位置，主体所在平面与摄影者所在平面形成一个相对大的夹角。俯视拍摄地点的高度较高，拍出来的照片视角大，画面的透视感可以很好地体现出来，画面具有纵深感、层次感，如图4-3所示。

图 4-3 俯视航拍的效果

　　俯拍有利于记录宽广的场面，表现宏伟气势，画面有着明显的纵深效果和丰富的景物层次，俯拍角度的变化，带来的画面感受也是有很大区别的。

◎ 4.2 掌握 6 种常用的构图取景技巧

　　一张好的航拍照片离不开好的构图，在对焦、曝光都正确的情况下，画面的构图往往会让一张照片脱颖而出。好的构图能让航拍作品吸引观众的眼球，与之产生思想上的共鸣，足以见得在无人机航拍摄影中，构图对整个画面的重要性。本节主要介绍航拍中常用的6种构图取景技巧，希望用户可以熟练掌握本节内容。

4.2.1　斜线构图

　　斜线构图是在静止的横线基础上发展来的，以此构图拍摄的画面具有一种静谧的感觉，同时斜线的纵向延伸可加强画面的透视效果。斜线构图的不稳定性使画面富有新意，给人以独特的视觉感受。利用斜线构图可以使画面产生三维的空间效果，增强画面立体感，使画面充满动感与活力，且富有韵律感和节奏感。

斜线构图是非常基本的构图方式，在拍摄轨道、山脉、植物、沿海等风景时，就可以采用斜线构图。

图4-4所示为以斜线构图航拍的跨桥照片，采用斜线构图手法，以倾斜的大桥和江面的边缘分界线作为构图线，体现大桥的方向感和车流的运动感。

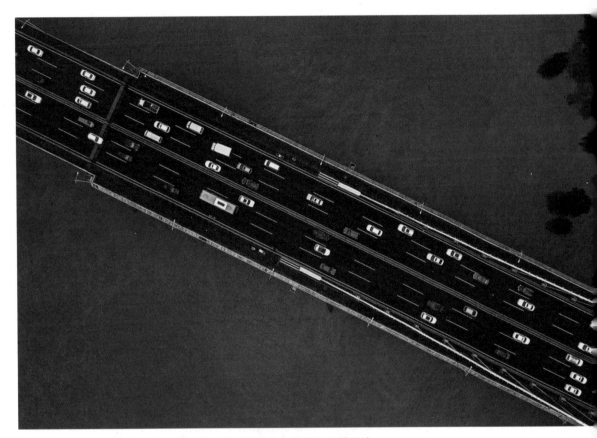

图4-4 采用斜线构图航拍的大桥照片

在航拍摄影中，斜线构图是一种使用频率颇高，也颇为实用的构图方法，而且具有很强的视线导向性，能吸引欣赏者的目光。

4.2.2 曲线构图

曲线构图是指摄影师抓住拍摄对象的特殊形态特点，在拍摄时采用特殊的拍摄角度和手法，将物体以类似曲线般的造型呈现在画面中，曲线构图的表现手法常用于拍摄风光、道路及江河湖泊等题材。在航拍构图手法中，C形曲线和S形曲线是运用得比较多的。

以S形曲线构图为例。S形构图可以用来表现富有曲线美的景物，如自然界中的河流、小溪、山路、小径、深夜马路上蜿蜒的路灯或车队等，如图4-5所示。

图 4-5　航拍的 S 形曲线公路

　　曲线构图的关键在于对拍摄对象形态的选取。自然图界中的拍摄对象拥有无数种不同的曲线造型，它们的弧度、范围和走向各异，但它们具有画面优美、线条令人舒服和富有视觉延伸感的共同特点，尤其是蜿蜒的曲线，能在不知不觉中引导观赏者的视线随曲线的走向而移动。

　　下面这张照片属于多条曲线型构图，农田间蜿蜒的小路线条感十足，如图4-6所示。

图 4-6 曲线型构图下的农田间蜿蜒的小路

4.2.3 对称构图

对称构图有左右对称，也有上下对称，还有围绕某个中心点的对称。对称构图会给人带来一种平衡、稳定与和谐的视觉感受。下面这张大桥航拍照片，左右对称，极具美感，如图4-7所示。

图 4-7 对称构图的大桥航拍照片

4.2.4　三分线构图

　　三分线构图，顾名思义就是将画面从横向或纵向分为三部分。这是一种非常经典的构图方法，是大师级摄影师偏爱的一种构图方式。三分线构图也非常符合人的审美习惯，常用的三分线构图法有两种，一种是横向三分线构图，另一种是纵向三分线构图。

　　图4-8所示为采用横向三分线构图的航拍风光照片，而且还是下三分线构图。

图 4-8　采用横向三分线构图的航拍风光照片

4.2.5　水平线构图

　　采用水平线构图拍摄的画面给人的感觉就是辽阔、平静。水平线构图法是以一条水平线来进行构图的，这种构图需要前期多看、多琢磨，寻找一个好的拍摄地点进行拍摄。这种构图法对摄影师的画面感有着比较高的要求，往往需要比较多的经验才可以拍出一张理想的照片，这种构图法也更适合用来航拍风光大片。

　　图4-9所示为海边航拍的照片，以海水和天空的分界线为水平线，天空占据了画面的上半部分，海面占了画面的下半部分。

图 4-9　海边航拍照片

　　图4-10所示为在尖山湖公园航拍的照片，将城市建筑与天空一分为二，宁静、协调。

图 4-10　在尖山湖公园航拍的照片

4.2.6　横幅全景构图

　　采用全景构图拍摄的照片是广角照片，"全景图"这个词最早是由爱尔兰画家罗伯特·巴克提出来的。全景构图的优点：一是画面内容丰富，大而全，二是视觉冲击力很强，极具观赏性价值。

　　现在的全景照片，一是采用无人机本身自带的全景摄影功能直接拍成的，二是运用无人机进行多张单拍，拍完后通过软件进行后期接片。图4-11所示为180°的全景夜景照片。

图 4-11　180°的全景夜景照片

本章小结

　　本章主要向大家介绍了构图取景的3个常用角度和6种常用技巧，帮助大家了解如何构图拍出的画面才是最好看的，并学会斜线构图、曲线构图、对称构图、三分线构图、水平线构图和横幅全景构图。通过对本章的学习，希望大家可以对构图取景有了更加深入的了解。

课后习题

鉴于本章知识的重要性，为了帮助大家更好地掌握所学知识，本节将通过课后习题，帮助大家进行简单的知识回顾和补充。

1. 构图取景的3个常用角度是什么?

2. 三分线构图法可以细分有几种?

第 5 章
使用摄影必备的
DJI GO 4 App

无人机是一个飞行器,需要配合使用 DJI GO 4 App,才能在天空中飞得更好、更安全。所以,本章我们来学习 DJI GO 4 App 的使用技巧。首先学习 App 账号的注册与登录,再了解 DJI GO 4 App 的界面功能和一些参数设置,帮助大家拍出专业的无人机航拍作品。

5.1　安装、注册并登录 DJI GO 4 App

大疆系列的无人机都需要安装DJI GO 4 App才能正常飞行，本节主要以大疆系列的无人机为例，介绍安装、注册并登录DJI GO 4 App的方法。

5.1.1　下载并安装DJI GO 4 App

DJI GO 4 App可以在手机应用商店中下载，也可在大疆官网中下载，具体操作如下。

步骤01 在大疆官网下载中心界面打开DJI GO 4下载界面，点击"直接下载Android APK"按钮，如图5-1所示。下载完成后，直接安装该应用。

步骤02 安装完成后，点击"打开"按钮，如图5-2所示。

图 5-1　点击"直接下载 Android APK"按钮

图 5-2　点击"打开"按钮

5.1.2　注册并登录App账号

当用户在手机中安装好DJI GO 4 App后，接下来需要注册并登录DJI GO 4 App，这样才能在DJI GO 4 App中拥有属于自己的独立账号。下面将向大家介绍注册并登录DJI GO 4 App的方法。

步骤01 进入DJI GO 4 App工作界面，点击左下方的"注册"按钮，如图5-3所示。

步骤02 进入"注册"界面，❶在上方输入手机号码；❷点击"获取验证码"按钮，官方会将验证码发送到该手机号码上；当用户收到验证码之后，❸在左侧文本框中输入验证码信息，如图5-4所示，进入相应的界面。设置相应的密码和信息之后，就可以登录成功。

步骤03 接下来进入"设备"界面，选择"御2"选项，如图5-5所示。

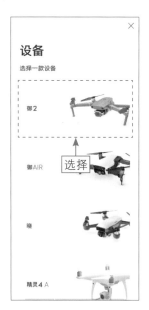

图 5-3 点击"注册"按钮　　图 5-4 输入验证信息　　图 5-5 选择"御2"选项

步骤04 进入"御2"界面，点击"我"按钮✍️，如图5-6所示。

步骤05 在"我"界面中可以看到己的用户名、作品数、粉丝数、关注数及收藏数等信息，点击上方的个人信息板块，如图5-7所示。

步骤06 即可更换头像，并更改和完善相应的信息，如图5-8所示。

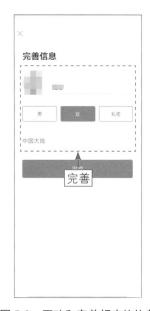

图 5-6 点击"我"按钮　　图 5-7 点击个人信息板块　　图 5-8 更改和完善相应的信息

5.1.3　连接无人机设备

当用户注册与登录DJI GO 4 App后，需要将App与无人机设备进行正确连接，这样才可以通过DJI GO 4 App对无人机进行飞行控制。下面介绍连接无人机的方法。

步骤01 在开启无人机和遥控器的电源之后，将手机与遥控器进行正确连接，进入DJI GO 4 App主界面，点击"进入设备"按钮，进入"选择下一步操作"界面，点击"连接飞行器"按钮，如图5-9所示。

步骤02 连续点击屏幕中的"下一步"按钮，直到进入"遥控器和飞行器对频"界面，点击"对频"按钮，如图5-10所示。

步骤03 对频连接完成后，进入相应的界面。等版本检测结束后，点击"开始飞行"按钮，如图5-11所示，即可进入飞行界面，操控无人机的飞行。

图 5-9　点击"连接飞行器"按钮　　图 5-10　点击"对频"按钮　　图 5-11　点击"开始飞行"按钮

★ 专家提醒 ★

　　DJI GO 4 App目前仅支持连接大疆御、晓、精灵、悟和经纬系列的部分无人机。对于其他大疆系列的无人机，可以下载 DJI GO App 或者 DJI Fly App。这些 App 可以在手机应用商店中下载，也可以在大疆官网的下载中心界面中下载。

5.2　认识 DJI GO 4 App 界面元素

启动DJI GO 4 App之后，进入DJI GO 4 App主界面。我们要熟悉App主界面上的各个功能，对飞行和后期处理都非常有帮助。当手机、遥控器与无人机设备之间正常连接后，界面中会提示设备已连接成功，如图5-12所示。点击右上角的设置按钮 ≡，将会弹出相应的选项，在其中可以查看地图、查看飞行记录及找飞机等，如图5-13所示。

图5-12　提示设备已连接成功

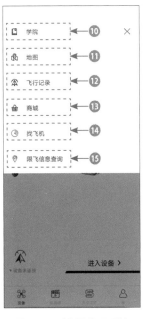

图5-13　设置选项列表

❶ 设备已经连接：表示手机与无人机设备已经成功连接了。

❷ 设备：在该选项卡中，可以更换无人机设备，与其他设备进行连接。

❸ 编辑器：可以对无人机中拍摄的作品进行后期剪辑与合成等操作。

❹ 天空之城：在该选项卡中，可以看到很多其他网友发布的航拍作品。

❺ 我：在该选项卡中，可以查看账号的相关信息，如作品数、粉丝数、关注数等。

❻ 开始飞行：点击该按钮，可以进入 DJI GO 4 App 的飞行拍摄界面，开始飞行无人机。

❼ 御 2 Pro：显示了用户的无人机设备名称。

❽ 版本检测：自动检测版本系统是否需要升级。

❾ 设置按钮：在弹出列表中可以查看地图、查看飞行记录及找飞机等。

❿ 学院：选择该选项，可以进入"学院"界面，其中有许多飞行知识、技巧供大家学习，还有飞行模拟练习。

⓫ 地图：选择该选项，可以下载离线地图，可以当普通地图用，但不能提供卫星地图。

⓬ 飞行记录：选择该选项，可以查看自己的飞行记录，比如飞行时间、飞行总距离等。

⓭ 商城：选择该选项，可以打开浏览器进入大疆商城，在其中可以购买大疆的产品，如相机设备、无人机设备等。

⓮ 找飞机：选择该选项，可以根据无人机最后的飞行位置，找到丢失的无人机，很多大疆用户都是通过这种方法找到丢失的无人机的。

⓯ 限飞信息查询：选择该选项，可以查询无人机限飞的区域。

5.3 掌握 DJI GO 4 App 的飞行拍摄界面

扫码看教学视频

当我们将无人机与手机连接成功后，接下来进入飞行拍摄界面。认识 DJI GO 4 App飞行拍摄界面中各按钮和图标的功能，可以帮助我们更好地掌握无人机的飞行技巧。在DJI GO 4 App主界面中，点击"开始飞行"按钮，即可进入 DJI GO 4 App的飞行拍摄界面，如图5-14所示。

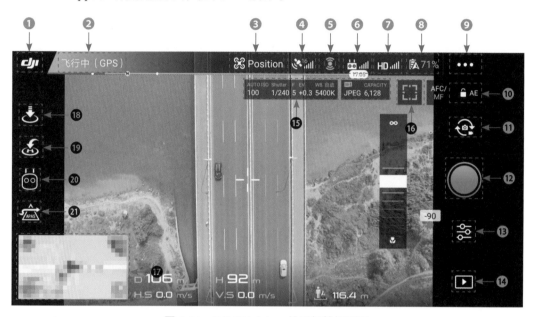

图 5-14　DJI GO 4 App 的飞行拍摄界面

❶主界面 **DJI**：点击该图标，将返回 DJI GO 4 App 的主界面。

❷无人机状态提示栏 飞行中（GPS）：在该状态栏中，显示了无人机的飞行状态。如果无人机处于飞行中，则提示"飞行中"信息。

❸飞行模式 **Position**：显示了当前的飞行模式，点击该图标，将进入"飞控参数设置"界面，在其中可以设置无人机的返航点、返航高度及新手模式等。

❹GPS 状态：该图标用于显示 GPS 信号的强弱。如果只有一格信号，则说明当前 GPS 信号非常弱，如果强制起飞，会有炸机和丢机的风险；如果显示五格信号，则说明当前 GPS 信号非常强，用户可以放心在室外起飞无人机设备。一般信号在 10 个以上就可以飞行。

❺障碍物感知功能状态：该图标用于显示当前无人机的障碍物感知功能是否能正常工作，点击

该图标，进入"感知设置"界面，可以设置无人机的感知系统及辅助照明等。

❻遥控链路信号质量：该图标显示遥控器与无人机之间遥控信号的质量，如果只有一格信号，则说明当前信号非常弱；如果显示 5 格信号，则说明当前信号非常强。点击该图标，可以进入"遥控器功能设置"界面。

❼高清图传链路信号质量 **HD**：该图标显示无人机与遥控器之间高清图传链路信号的质量。如果信号质量高，则图传画面稳定、清晰；如果信号质量差，则可能会中断手机屏幕上的图传画面信息。点击该图标，可以进入"图传设置"界面。

❽电池设置 71%：可以实时显示当前无人机设备电池的剩余电量，如果无人机出现放电短路、温度过高、温度过低或者电芯异常，界面都会给出相应提示。点击该图标，可以进入"智能电池信息"界面。

⑨通用设置███：点击该按钮，可以进入"通用设置"界面，在其中可以设置相关的飞行参数、直播平台及航线操作等。

⑩自动曝光锁定🔒 AE：点击该按钮，可以锁定当前的曝光值。

⑪拍照 / 录像切换按钮📷：点击该按钮，可以在拍照片与拍视频之间进行切换。当用户点击该按钮后，将切换至视频录像界面，按钮也会变成录像机的按钮🎥。

⑫拍照 / 录像按钮⚪：单击该按钮，可以开始拍摄照片，或者开始录制视频。再次单击该按钮，将停止视频的录制操作。

⑬拍照参数设置🎛：点击该按钮，在弹出的面板中，可以设置拍照与录像的各项参数。

⑭素材回放▶：点击该按钮，可以回看自己拍摄过的照片和视频文件，可以实时查看拍摄的效果。

⑮相机参数 ███████：显示当前相机的拍照 / 录像参数，以及剩余的可拍摄容量。

⑯对焦 / 测光切换按钮▣：点击该图标，可以切换对焦和测光的模式。

⑰飞行地图与状态📍：该图标以高德地图为基础，显示了当前无人机的姿态、飞行方向及雷达功能，点击地图图标，即可放大地图显示，可以查看无人机目前的具体位置。

⑱自动起飞 / 降落🛬：点击该按钮，可以使用无人机的自动起飞与自动降落功能。

⑲智能返航📡：点击该按钮，可以使用无人机的智能返航功能，可以帮助用户一键返航无人机。这里用户需要注意，当使用一键返航功能时，一定要先更新返航点，以免无人机飞到了其他地方，而不是用户当前所站的位置。

⑳智能飞行🎮：点击该按钮，可以使用无人机的智能飞行功能，如兴趣点环绕、一键短片、延时摄影、智能跟随及指点飞行等模式。

㉑避障功能⚠：点击该按钮，将弹出"安全警告"提示信息，提示用户在使用遥控器控制飞行器向前或向后飞行时，将自动绕开障碍物。

★ 专家提醒 ★

　　在界面底部还有一些字母和参数，比较重要的是距离和高度参数。 D 106 m 代表无人机与起飞点的距离有106m； H 92 m 代表无人机距离地面的高度为92m。

⊙ 5.4　设置照片的尺寸与格式

　　在使用无人机拍摄照片之前，设置好照片的尺寸与格式也很重要，不同的照片尺寸与格式对将来的用途有影响，使用无人机中不同的拍摄模式可以得到不同的照片效果。本节主要介绍设置照片尺寸格式与拍摄模式的方法。

5.4.1　设置照片的拍摄尺寸

　　在DJI GO 4 App的"参数设置"界面中，照片有两种比例可供选择，一种是16：9，另一种是3：2，用户可根据实际需要选择相应的照片尺寸，具体的设置方法如下。

扫码看教学视频

步骤 01 ❶点击右侧的"参数设置"按钮🎛，进入照片参数设置界面；❷选择"照片比例"选项，如图5-15所示。

图 5-15　选择"照片比例"选项

步骤02 进入"照片比例"界面，在其中可选择需要拍摄的照片尺寸，如16：9或者3：2选项，如图5-16所示。

图 5-16　选择需要拍摄的照片尺寸

图5-17所示为使用无人机拍摄尺寸为16：9的照片；图5-18所示为使用无人机拍摄尺寸为3：2的照片。

图 5-17　尺寸为 16：9 的照片

图 5-18　尺寸为 3：2 的照片

5.4.2 设置照片的存储格式

在DJI GO 4 App的照片参数设置界面中，可以设置3种照片格式，第1种是RAW格式，第2种是JPEG格式，第3种是JPEG+RAW格式，如图5-19所示，根据需要选择即可。

图 5-19 可设置 3 种照片格式

🧭 5.5 掌握照片的多种拍摄模式

当使用无人机拍摄照片时，提供了7种照片拍摄模式，如单拍、HDR、纯净夜拍、连拍、自动包围曝光（Auto Exposure Bracketing，AEB）连拍、定时拍摄及全景拍摄等。不同的模式可以满足我们日常的拍摄需求，这个功能非常实用，也是学习无人机摄影的基础。下面介绍设置照片拍摄模式的方法。

步骤01 在飞行界面中，❶点击右侧的"参数设置"按钮，进入照片参数设置界面；❷选择"拍照模式"选项，如图5-20所示。

步骤02 进入"拍照模式"界面，选择"连拍"选项，如图5-21所示。

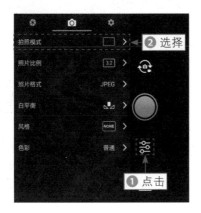

图 5-20 选择"拍照模式"选项

图 5-21 选择"连拍"选项

步骤03 在"连拍"模式下，有3张和5张两个选项，如图5-22所示，可以用来抓拍高速运动的物体。

步骤04 定时拍摄是指以所选的间隔时间连续拍摄多张照片，下面有9个不同的时间可供选择，如图5-23所示，适合用户拍摄延时作品。AEB连拍是指包围曝光，有3张和5张两个选项，相机以0.7为级数进行增减连续拍摄多张照片，适用于拍摄静止的大光比场景。

图5-22　两种"连拍"选项

图5-23　多种"定时拍摄"选项

★ 专家提醒 ★

单拍是指拍摄单张照片；HDR的全称是High-Dynamic Range，是指高动态范围图像，相比普通的图像，HDR可以保留更多的阴影和高光细节；纯净夜拍可以用来拍摄夜景照片；连拍是指连续拍摄多张照片。

步骤05 全景模式是一个非常好用的拍摄功能，用户可以拍摄4种不同类型的全景照片，如球形全景、180°全景、广角全景及竖拍全景，如图5-24所示。

图5-24　4种全景模式

图5-25所示为笔者使用"球形"全景模式拍摄的城市风光。

图 5-25　使用"球形"全景模式拍摄的城市风光

图5-26所示为笔者使用180°全景模式拍摄的长沙三汊矶大桥全景。

图 5-26　180°全景模式拍摄的长沙三汊矶大桥

★ 专家提醒 ★

　　在全景模式下，4种全景模式的功能如下。

➤ 球形：球形全景是指相机自动拍摄34张照片，然后进行自动拼接。拍摄完成后，用户在查看照片效果时，可以点击球形照片的任意位置，相机将自动缩放到该区域的局部细节，这是一张动态的全景照片。

➤ 180°：180°全景是21张照片的拼接效果，以地平线为中心线，天空和地面各占照片的1/2。

➤ 广角：广角全景是9张照片的拼接效果，同样是以地平线为中心线进行拍摄的。

➤ 竖拍：竖拍全景是3张照片的拼接效果，也是以地平线为中心线进行拍摄的。

5.6　设置视频的尺寸与格式

扫码看教学视频

　　用户在使用无人机拍摄视频之前，也需要先对视频的相关参数进行设置，使拍摄的视频文件更加符合用户的需求，如果视频选项设置不当，有可能导致视频白拍了。下面介绍无人机中比较重要的几个视频参数设置方法。

66

步骤01 在飞行界面中，❶切换至"录像"模式 ，❷点击右侧的"参数设置"
按钮 ，进入视频参数设置界面；❸选择"视频尺寸"选项，如图5-27所示。

图 5-27　选择"视频尺寸"选项

大疆无人机摄影航拍与后期教程

★ 专家提醒 ★

如果用户想要从无人机航拍"菜鸟"晋升为"大神",除了要学会设置照片、视频的尺寸、格式和拍摄模式等,还要学习设置4种曝光模式。主要有自动模式、光圈优先模式、快门优先模式及手动模式等。

比如,自动模式(AUTO)又称为傻瓜模式,主要由无人机系统根据拍摄环境自动调节拍摄参数。在自动模式下,用户可以设置照片的ISO数值,即感光度参数。

步骤02 进入"视频尺寸"界面,如图5-28所示,在其中用户可以选择视频的录制尺寸。一般情况下如果没有特别的需求,不建议选择4K的视频尺寸。因为这种视频的尺寸所占的内存容量很大,一般拍摄视频选择1920×1080的视频尺寸足矣,在视频尺寸下还可以选择视频的帧数。

图 5-28 "视频尺寸"界面

步骤03 点击返回上一步按钮◀,返回视频参数设置界面,选择"视频格式"选项,进入"视频格式"界面,这其中有两种视频格式供用户选择,一种是MOV格式,另一种是MP4格式,如图5-29所示。

图 5-29 "视频格式"界面

步骤04 点击返回上一步按钮◀，返回视频参数设置界面，❶点击右上方的设置按钮⚙，进入相机设置界面，从下往上滑动屏幕；❷在界面最下方可以设置延时摄影的相关信息，如图5-30所示。

图 5-30　设置延时摄影的相关信息

本章小结

　　本章主要向大家介绍了如何安装、注册并登录DJI GO 4 App，帮助大家认识DJI GO 4 App的界面元素、掌握DJI GO 4 App的飞行拍摄界面、设置照片的尺寸与格式、设置视频的尺寸与格式。通过对本章的学习，希望大家可以对DJI GO 4 App有一个全面的了解，在飞行的时候可以精准地控制和操作无人机。

课后习题

　　鉴于本章知识的重要性，为了帮助大家更好地掌握所学知识，本节将通过课后习题，帮助大家进行简单的知识回顾和补充。

　　1. 当手机与遥控器连接之后，点击DJI GO 4 App中的哪个按钮可以进入飞行拍摄界面？

　　2. 全景模式主要有哪4种类型？

第6章
起飞前的准备工作
与首飞技巧

当用户掌握了无人机的一系列基础知识之后，接下来就可以开始学习飞行无人机的一些基本技巧了，如拍摄前的计划、安全起飞的步骤与流程、检查无人机设备是否正常，以及安全起飞与降落无人机的方法。熟练掌握这些知识，可以为接下来学习空中各种飞行动作奠定良好的基础。

6.1 拍摄之前做好拍摄计划

使用无人机拍摄素材之前，应该做好拍摄计划，比如需要带上哪些拍摄器材，无人机在空中应该如何飞行，需要拍摄哪些内容。做好这些准备工作后，可以帮助用户有目的、有效率地飞行无人机。

6.1.1 器材的准备清单

在使用无人机进行航拍之前，我们对器材要有充分的准备。如果因为少了一些器材，而无法完成拍摄，这样会浪费更多的人力、物力和财力。

下面介绍器材的准备清单：

➢ 无人机。

➢ 遥控器。

➢ 一对备用螺旋桨。

➢ 两块充满了电的备用电池。

➢ 一个充满了电的充电宝。

➢ 一个充电器，可以双充无人机电池与遥控器。

➢ 备用一部智能手机。

➢ 备用一张SD存储卡。

➢ 镜头清洁工具（包括软毛镜头清洁刷、镜头清洁液、清洁布等），如图6-1所示。

图 6-1 镜头清洁工具套装

另外，为了防止无人机中途出现故障，用户可以备一个工具箱（六角扳手、螺丝刀、剪刀、双面胶带、束线带、锋利小刀、电烙铁、剥线钳等），防止意外情况发生，如图6-2所示。

胶布
套筒
剥线钳
手工锯
电笔
棘轮螺丝刀
一字螺丝刀
十字螺丝刀
套筒连接杆

羊角钳
老虎钳
美工刀
尖角钳
水管钳

卷尺
万用表
螺丝刀组
活动扳手
升级批头
冲击钻头
金属钻头
麻花钻头
批头连接

电钻
内六角
水平尺
螺丝盒

图6-2 工具箱套装

★ 专家提醒 ★

如果用户是一位摄影爱好者，在外拍出行前，还可以带上一些其他的摄影器材，如微单相机、单反相机、三脚架及智云稳定器等器材。

6.1.2 准备拍摄清单，明确拍摄内容

拍摄清单是指拍摄计划表，导演在拍电影前，也会有一个拍摄计划表。提前列好清单，这样才不至于让无人机飞到空中后，不知道要拍什么。下面列出相关的素材拍摄清单。

➤ 你准备要拍什么？拍哪个对象？往哪个方向进行拍摄？

➤ 你准备在什么时间拍摄：早晨、上午、中午、下午还是晚上？

➤ 使用无人机是准备拍照片？还是拍视频？抑或是拍延时视频？

➤ 准备拍摄多少张照片？多少段视频？

➤ 准备拍摄多大像素的照片？多大尺寸的视频？

➢ 你要运用哪些模式进行拍摄？如单拍、连拍、夜景拍摄、全景拍摄、竖幅拍摄。

当以上问题你都非常清楚了，再开始飞行无人机，有目的地去飞行与拍摄，这样效率会高很多，至少你知道自己的拍摄目的是什么。

很多新手在刚开始飞无人机的时候，只想着先把无人机飞上去，看看传送回来的图传界面有没有美景，再想想要拍什么，这会浪费思考的时间，无人机电池的电量也有限，就很难拍摄出理想的画面。

6.1.3 无人机的飞行清单

我们使用无人机进行航拍前，需要有一个飞行清单，也就是飞行前的一系列检查操作，以确保无人机的安全飞行。建议大家将下面内容拍照，然后存在手机里，飞行时拿出来看看，一一对照检查。

1. 检查飞行环境

➢ 今天的天气是否适合航拍？天空是否晴朗？是否有云？风速如何？

➢ 飞行的区域是否属于禁区？是否属于人群密集区？

➢ 附近是否有政府大楼？

➢ 起飞的地点是否有铁栏杆？是否有信号塔？

➢ 起飞的上空是否有电线、建筑物、树木或者其他遮挡物？

2. 检查无人机设备

➢ 检查机身是否有裂纹或损伤？

➢ 检查机身上的螺旋桨是否拧紧？

➢ 检查电池是否安好？是否充满电？备用电池有没有放在包里？

➢ 遥控器和手机是否已充满电？

➢ 内存卡是否已安装在无人机上？卡里是否还有存储空间？有没有带上备用SD卡？

➢ 根据拍摄内容的多少，是否有必要带上充电宝？

3. 飞行前的检查清单

➢ 将无人机放在干净、平整的地面上起飞。

➢ 取下相机的保护罩，确保相机镜头是清洁的。

➢ 首先开启遥控器，然后再开启无人机。

➢ 正确连接遥控器与手机。

➢ 校准指南针信号和惯性测量单元（Inertial Measurement Unit，IMU），检查GPS、指南针是否正常。

➢ 检查发光二极管（Light Emitting Diode，LED）显示屏是否正常。

➢ 检查DJI GO 4 App启动是否正常、图传画面是否正常。

➢ 如果一切正常，就可以开始起飞了。

6.1.4　夜晚的拍摄，需要白天踩点

如果用户准备夜晚飞行无人机，那么白天的时候一定要去踩点，这样做的目的是更安全地飞行无人机。因为夜晚受光线的影响，视线会受阻碍，天空中是什么样的我们根本看不清楚，我们不知道要飞行的区域上空有没有电线、有没有障碍物或高大建筑等。

因此，白天踩点可以帮助用户更好地规划行程和飞行路线，创造出一个安全的飞行环境。

6.2　安全起飞的具体步骤与流程

起飞无人机之前，我们要掌握安全起飞的步骤，比如准备好遥控器和飞行器、校准无人机IMU与指南针的信息，来保证无人机安全起飞。

6.2.1　准备好遥控器和安装摇杆

在飞行无人机之前，我们首先要准备好遥控器和安装摇杆，请按以下顺序进行操作，正确展开遥控器，并连接好手机移动设备。

步骤01 将遥控器从背包中取出来，如图6-3所示。

步骤02 以正确的方式展开遥控器的天线，确保两根天线平行，如图6-4所示。

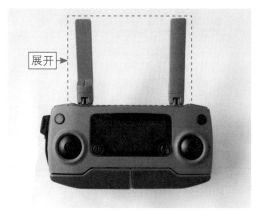

图 6-3　将遥控器从背包中取出来　　　　图 6-4　展开遥控器的天线

步骤03 将遥控器下方的两侧手柄平稳地展开，如图6-5所示。

步骤04 取出左侧的遥控器操作杆，通过旋转的方式拧紧，如图6-6所示。

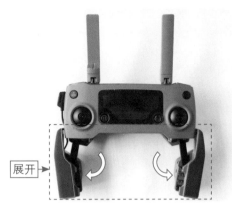

图 6-5　平稳地展开两侧手柄

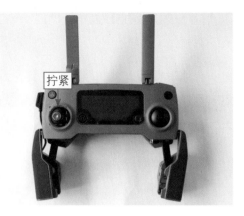

图 6-6　拧紧左侧的操作杆

步骤 05 取出右侧的遥控器操作杆，通过旋转的方式拧紧，如图6-7所示。

步骤 06 接下来开启遥控器。首先短按一次遥控器电源开关，然后长按3秒，松手后，即可开启遥控器的电源，如图6-8所示，此时遥控器在搜索飞行器。

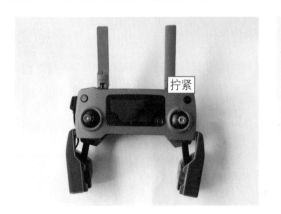

图 6-7　拧紧右侧的操作杆

图 6-8　开启遥控器电源开关

步骤 07 当遥控器搜索到飞行器后，即可显示相应的状态屏幕，如图6-9所示。

步骤 08 找到遥控器上连接手机接口的数据线，如图6-10所示。

图 6-9　显示相应的状态屏幕

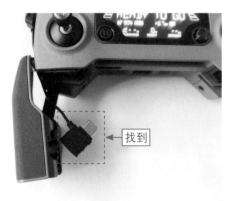

图 6-10　找出遥控器上的数据线

步骤09 将数据线的接口接入手机接口中，进行正确连接，如图6-11所示。

步骤10 将手机卡入两侧手柄的插槽中，卡紧稳固，如图6-12所示，即可准备好遥控器。

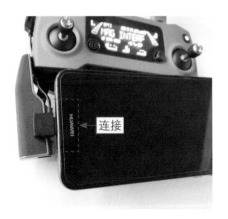

图 6-11　将数据线的接口接入手机接口中　　图 6-12　将手机卡入两侧手柄的插槽中

★ 专家提醒 ★

如果是全新的飞行器，当用户首次使用 DJI GO 4 App 时，需要激活才能使用，激活时请用户确保手机移动设备已经接入互联网。

6.2.2　拨开飞行器螺旋桨，进行开机

扫码看教学视频

当我们准备好遥控器后，接下来需要准备好飞行器。请按以下顺序展开飞行器的机臂，并安装好螺旋桨和电池，具体步骤和流程如下。

步骤01 将飞行器从背包中取出来，平整地摆放在地上，如图6-13所示。

图 6-13　将飞行器平整地摆放在地上

步骤02 将云台相机的保护罩取下来，如图6-14所示，底端有一个小卡口，轻轻往里按一下，保护罩就会被取下来。

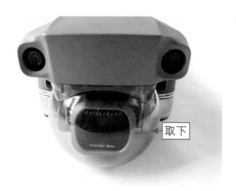 

图 6-14　将云台相机的保护罩取下来

步骤03 首先将无人机的前臂展开，如图6-15所示，图中注明了前臂的展开方向，往外展开前臂的时候，动作一定要轻，太过用力可能会掰断无人机的前臂。

步骤04 用同样的方法，将无人机的另一只前臂展开，如图6-16所示。

图 6-15　将无人机的前臂展开　　　　图 6-16　将无人机的另一只前臂展开

步骤05 通过往下旋转展开的方式，展开无人机的后机臂，如图6-17所示。

步骤06 安装好无人机的电池，两边有卡口按钮，按下去并按紧，如图6-18所示。

图 6-17　展开无人机的后机臂　　　　图 6-18　安装好无人机的电池

步骤07 展开无人机的前机臂和后机臂，并安装好电池后，整体效果如图6-19所示。

步骤08 接下来安装螺旋桨，将桨叶安装卡口对准插槽位置，如图6-20所示。

图 6-19 无人机整体效果

图 6-20 将桨叶安装卡口对准插槽

步骤09 轻轻按下去，并旋转拧紧螺旋桨，如图6-21所示。

步骤10 用与上面相同的方法，旋转拧紧其他的螺旋桨，整体效果如图6-22所示。

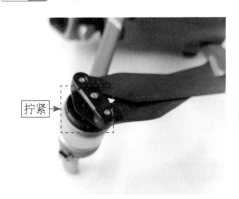

图 6-21 旋转拧紧螺旋桨

图 6-22 旋转拧紧其他的螺旋桨

步骤11 首先短按电池上的电源开关键，然后再长按3秒，再松手，即可开启无人机的电源，如图6-23所示，此时指示灯上亮了4格电，表示无人机的电池是充满电的状态。

★ 专家提醒 ★

在无人机上，短按一次电源开关键，可以看到电池还剩下几格电量。当用户需要关闭无人机时，依然是先短按一次电源开关键，再长按3秒，松手后，即可关闭无人机。

图 6-23 开启无人机的电源

6.3 检查无人机设备是否正常

在飞行无人机之前，还要检查无人机设备是否能正常使用，比如检查SD卡是否有足够的存储空间、检查硬件和配件是否完整、检查无人机与遥控器的电量是否充足等，保证无人机的安全飞行与正常使用。

6.3.1 检查SD卡是否有足够的存储空间

外出拍摄前，一定要检查无人机中的SD卡是否有足够的存储空间，这个也是非常重要的，以免到了拍摄地点，看到那么多美景，却拍不下来，这是很痛苦的事情。如果再跑回家将SD卡的容量腾出来，再出来拍摄，一是时间过去了，二是来回跑确实辛苦、折腾，三是拍摄的热情和激情也过去了，结果往往是没心情再拍出理想的片子。

本人刚开始学无人机的时候，有一次外出拍照，就忘记带SD卡了。当将无人机飞到空中的时候，按下拍照键，发现照片拍不下来，提示没有可存储的设备。检查时才发现无人机上的SD卡被自己取出来放在家里了。最后只能把无人机再飞下来，回家取了SD卡再重新飞上去拍照，着实有点浪费时间。所以，大家以后在将SD卡中的素材备份出来以后，立马将SD卡放回无人机设备中，免得忘记了。

如果用户将无人机中的SD卡取出来了，App中的飞行界面上方会提示"JEPG SD卡未插入"的信息，如图6-24所示。看到这个信息后，用户就可以知道无人机中并没有插入SD卡了。

图6-24 提示"JEPG SD卡未插入"的信息

6.3.2 检查硬件、配件是否带完整

扫码看教学视频

无人机起飞前，先检查硬件、配件是否完整，机身是否正常，各部件有没有松动的情况，螺旋桨有没有松动或者损坏，插槽是否卡紧了。图6-25所示的螺旋桨是松动的，没有卡紧；图6-26所示的螺旋桨是卡紧的、正确的。

无人机一共有4个螺旋桨，如果只有3个卡紧了，有一个是松动的，那么无人机在飞行的过程中很容易因为机身无法平衡而造成炸机的结果。用户在安装螺旋桨的时候，一定要安装正确，遵循逆顺的安装原则：迎风面高的桨在左边，是逆时针；迎风面低的桨在右边，是顺时针。

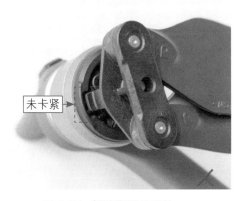

图 6-25　螺旋桨是松动的

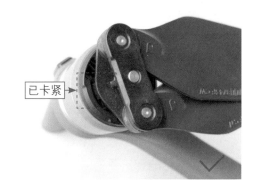

图 6-26　螺旋桨是卡紧的

电池的插槽是否卡紧，也需要仔细检查，否则会有安全隐患。图6-27所示为电池插槽没有卡紧的状态，电池凸起，不平整，中间缝隙很大；图6-28所示为电池的正确安装效果。

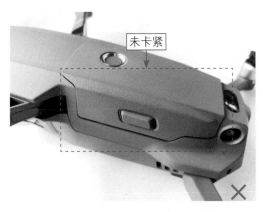

图 6-27　电池插槽没有卡紧的状态

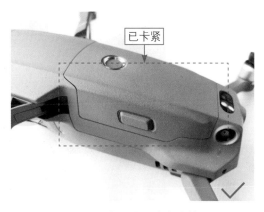

图 6-28　电池的正确安装效果

当我们将无人机放置在水平起飞位置后，应取下云台的保护罩，然后再按下无人机的电源按钮，开启无人机。图6-29所示为云台保护罩未取下的状态，图6-30所示为云

台保护罩取下后的状态。

图 6-29　云台保护罩未取下的状态

图 6-30　云台保护罩取下后的状态

★ 专家提醒 ★

有些用户会忘记取下云台相机保护罩,这样对相机是有磨损的。因为无人机开启电源后,相机镜头会自动进行旋转和检测,如果云台保护罩没有取下来,镜头就不能进行旋转自检。

6.3.3　校准无人机IMU与指南针是否正常

当我们每次需要飞行无人机的时候,都要先校准IMU和指南针。确保罗盘的正确是非常重要的一步,特别是每当我们去一个新的地方开始飞行无人机的时候,一定要记得先校准指南针,然后再开始飞行,这样有助于无人机在空中的飞行安全。下面介绍校准IMU和指南针的方法。

扫码看教学视频

步骤01 当我们开启遥控器,打开DJI GO 4 App,进入飞行界面后,如果IMU惯性测量单元和指南针没有正确运行,此时系统在状态栏中会有相关提示信息,如图6-31所示。

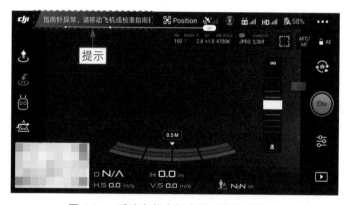

图 6-31　系统在状态栏中提示指南针异常

步骤02 点击状态栏中的"指南针异常……"提示信息,进入"飞行器状态列表"界面,其中"模块自检"显示为"固件版本已是最新",表示固件无须升级,但是下方的指南针异常，系统提示飞行器周围可能有钢铁、磁铁等物质，请用户带着无人机远离这些有干扰的环境，然后点击右侧的"校准"按钮，如图6-32所示。

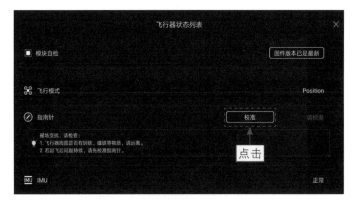

图 6-32　点击右侧的"校准"按钮

步骤03 弹出信息提示框，点击"确定"按钮，如图6-33所示。

图 6-33　点击"确定"按钮

步骤04 进入校准指南针模式，请按照界面提示水平旋转飞行器360°，如图6-34所示。

图 6-34　水平旋转飞行器 360°

步骤05 水平旋转完成后，界面中继续提示用户竖直旋转飞行器360°，如图6-35所示。

图 6-35　竖直旋转飞行器 360°

步骤06 当用户根据界面提示进行正确操作后，手机屏幕上将弹出提示信息框，提示用户指南针校准成功，点击"确认"按钮，如图6-36所示。

图 6-36　点击"确认"按钮

步骤07 即可完成指南针的校准操作，返回"飞行器状态列表"界面。此时"指南针"选项右侧将显示"指南针正常"的信息，下方的"IMU"选项右侧也显示"正常"字样，如图6-37所示，这就可以正常飞行了。

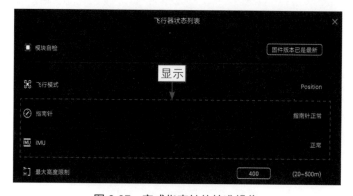

图 6-37　完成指南针的校准操作

★ 专家提醒 ★

当 DJI GO 4 App 状态栏显示"指南针异常……"的信息时，此时无人机上将亮起黄灯，并且会不停地闪烁；当用户校准无人机的指南针后，此时无人机上的黄灯将变为绿灯。

当用户根据上述界面中的一系列操作，将无人机水平和竖直旋转360°后，如果手机屏幕中继续弹出"指南针校准失败"的提示信息，如图6-38所示，这说明用户所在的位置磁场确实过大，对无人机的干扰影响很严重。

请用户带着无人机远离目前所在位置，再找一个无干扰因素的环境，继续校准指南针的方向。

图 6-38 弹出"指南针校准失败"的提示信息

6.3.4 检查飞机与遥控器的电量是否充足

飞行之前，一定要检查无人机的电池、遥控器的电池及手机是否充满电，以免到了拍摄地点后，发现没有电，然后到处找充电的地方，这是非常麻烦的事情。

而且，无人机的电池电量弥足珍贵，一块满格的电池只能用30分钟左右，如果无人机只有一半的电量，还要留25%的电量返航，那飞上去可能也拍不了。

当我们难得发现一个很美的景点可以航拍，然后驱车几个小时到达，却发现无人机忘记充电了，这是一件非常痛苦的事。在这里，建议有车一族买个车载充电器，这样就算电池电量用完了，也可以在车上边开车边充电，及时解决了充电的问题和烦恼。

大疆原装的车载充电器要300多元，普通品牌的车载充电器只需几十元，非常划算，如图6-39所示。

图 6-39　车载充电器

6.4　如何安全起飞与降落

在起飞与降落无人机的过程中很容易发生事故，所以我们要熟练掌握无人机的起飞与降落操作，主要包括自动起飞降落、手动起飞降落及一键返航降落等。

6.4.1　自动起飞与降落

使用"自动起飞"功能可以帮助用户一键起飞无人机，既方便又快捷。下面介绍自动起飞与降落无人机的方法。

步骤01 将无人机放在水平的地面上，依次开启遥控器与无人机的电源，当左上角状态栏显示"起飞准备完毕（GPS）"的信息后，点击左侧的"自动起飞"按钮，如图6-40所示。

扫码看教学视频

图 6-40　点击"自动起飞"按钮

步骤02 执行操作后，弹出提示信息框，提示用户是否确认自动起飞，根据提示向右滑动按钮，确认起飞，如图6-41所示。

图 6-41　根据提示向右滑动按钮

步骤03 此时，无人机即可自动起飞。当无人机上升到1.2m的高度后，将自动停止上升，需要用户轻轻地向上拨动左摇杆（以"美国手"为例），无人机将继续向上升，状态栏显示"飞行中（GPS）"的提示信息，表示飞行状态安全，如图6-42所示。

图 6-42　无人机将继续向上升

步骤04 当用户需要降落无人机时，点击左侧的"自动降落"按钮，如图6-43所示。

图 6-43　点击"自动降落"按钮

步骤 05 执行操作后，弹出提示信息框，提示用户是否确认自动降落操作，点击"确认"按钮，如图6-44所示。

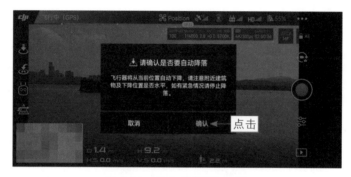

图 6-44　点击"确认"按钮

步骤 06 此时，无人机将自动降落，界面中弹出"飞行器正在降落，视觉避障关闭"的提示信息，如图6-45所示。用户要保证无人机下降的区域内没有任何遮挡物或人，当无人机下降到水平地面上以后，即可完成降落操作。

图 6-45　弹出提示信息

6.4.2　手动起飞与降落

　　学习完自动起飞和降落的操作之后，接下来开始学习如何手动起飞无人机，下面介绍具体的操控方法。

扫码看教学视频

步骤 01 在手机中，打开DJI GO 4 App，进入App启动界面，如图6-46所示。

步骤 02 稍等片刻，进入DJI GO 4 App主界面，左下角提示设备已经连接，点击右侧的"开始飞行"按钮，如图6-47所示。

图 6-46 进入 App 启动界面　　　　　　图 6-47 点击"开始飞行"按钮

步骤 03 进入DJI GO 4 App飞行界面，当用户校正好指南针后，状态栏中将弹出"起飞准备完毕（GPS）"的提示信息。这表示飞行器已经准备好，用户随时可以操控起飞，如图6-48所示。

图 6-48 弹出"起飞准备完毕（GPS）"的提示信息

步骤 04 接下来，我们通过拨动操作杆来启动电机，可以将两个操作杆同时往内摇，或者同时往外摇，如图6-49所示，即可启动电机，此时螺旋桨启动，开始旋转。

图 6-49 将两个操作杆同时往内摇或者同时往外摇

步骤 05 接下来，我们开始起飞无人机，将左摇杆缓慢向上推动，如图6-50所示，无人机即可起飞，慢慢上升。当我们停止向上推动左摇杆时，无人机将在空中悬停。这样，我们就正确、安全地起飞无人机了。

步骤 06 当飞行完毕后，要开始下降无人机时，可以将左摇杆缓慢向下推，如图6-51所示，无人机即可缓慢降落。

图 6-50　将左摇杆缓慢向上推　　　　　图 6-51　将左摇杆缓慢向下推

步骤 07 当无人机降落至地面后，用户可以通过两种方法停止电机的运转：一种是将左摇杆推到最低的位置，并保持3秒后，电机停止；第二种方法是执行摇杆动作，将两个操作杆同时往内摇，或者同时往外摇，即可使电机停止。

6.4.3　使用一键返航降落

扫码看教学视频

当无人机飞得离我们比较远的时候，可以使用"自动返航"模式让无人机一键自动返航，这样操作的好处是比较方便，不用重复地拨动左、右摇杆；而缺点是用户需要先更新返航地点，然后再使用"自动返航"功能，以免无人机飞到其他地方去。同时，要保证返航高度设置得足够高，比附近的最高建筑要高。

下面介绍使用"自动返航"的方法。

步骤 01 当无人机悬停在空中后，点击左侧的"自动返航"按钮🛬，如图6-52所示。

图 6-52　点击左侧的"自动返航"按钮

步骤 02 执行操作后，弹出提示信息框，提示用户是否确认返航操作。根据界面提示向右滑动按钮，确认返航，如图6-53所示。

图 6-53　根据界面提示向右滑动按钮

步骤03 执行操作后，界面左上角显示相应的提示信息，提示用户无人机正在自动返航，如图6-54所示。稍候片刻，即可完成无人机的自动返航操作。

图 6-54　提示用户正在自动返航

本章小结

　　本章主要向大家介绍了无人机起飞前的准备工作及一些首飞技巧。通过对本章的学习，希望大家能够学会在拍摄之前做好拍摄计划，列好器材准备清单、拍摄清单、无人机的飞行清单，以及做好夜间拍摄的踩点工作；在起飞时，要准备好遥控器和安装摇杆、拨开飞行器螺旋桨，正确开机；检查无人机设备是否正常；安全地起飞与降落，帮助大家更好地飞行无人机。

课后习题

　　鉴于本章知识的重要性，为了帮助大家更好地掌握所学知识，本节将通过课后习题，帮助大家进行简单的知识回顾和补充。

1. 遥控器和无人机的开机方式是什么？

2. 手动起飞与降落无人机的方法是什么？

第 7 章
熟练飞行的动作
助力空中摄影

要想完全学会无人机的使用，就一定要从基本的飞行动作开始训练，这样才能保障飞行的安全性。本章首先介绍 6 组最简单的飞行动作，如向下降落、向前飞行、向后飞行、向左飞行、向右飞行等。之后介绍 6 组常用飞行动作，让大家学会更多的飞行动作。希望用户通过学习本章内容可以熟练掌握无人机的飞行动作要领。

7.1　6 种入门级飞行动作

在空中进行复杂的航拍工作之前，我们要先学会一些基本的入门级飞行动作，因为复杂的飞行动作也是由一个个简单的飞行动作组成的。等用户熟练地掌握了这些简单的飞行动作之后，就可以自由地控制无人机的空中飞行了。

7.1.1　向上飞行

扫码看教学视频

向上飞行是指无人机向上升，我们在进行任何航拍工作之前，都必须先把无人机上升至高空中。下面介绍向上飞行的具体方法。

步骤 01 开启无人机后，将左侧的摇杆缓慢地往上推，如图7-1所示。

图 7-1　将左侧的摇杆缓慢地往上推

步骤 02 表示无人机将上升飞行，如图7-2所示，推杆的幅度可以轻一点、缓一点，使无人机匀速上升至空中，尽量避免无人机在地面附近盘旋。

图 7-2　无人机上升飞行

步骤 03 当无人机上升至一定高度后，松开左侧的摇杆，使其自动回正，此时无人机的飞行高度、旋转角度均保持不变，在空中处于悬停的状态。

★ 专家提醒 ★

无人机在上升过程中，切记一定要在自己的可视范围内飞行，飞行高度尽量不要超过125 米。因为在超过 125 米的高空，我们已经看不见无人机的影子了。

7.1.2　向下降落

扫码看教学视频

当无人机飞至高空后，就可以开始练习让无人机下降了，下面介绍向下降落的具体方法。

步骤 01 手持遥控器，将左侧的摇杆缓慢地往下推，如图7-3所示。

图 7-3　将左摇杆缓慢地向下推

步骤 02 执行操作后，无人机即可开始向下降落，如图7-4所示。下降时一定要慢，以免气流影响无人机的稳定性。

图 7-4　无人机向下降落

★ 专家提醒 ★

用户在下降无人机的过程中，如果看到了漂亮的美景，也可以停止下降操作。按下遥控器上的"对焦／拍照"按钮，即可拍照；如果按下遥控器上的"录影"按钮，即可拍摄视频。当用户拍摄完成后，继续将左侧的摇杆缓慢地往下推，继续下降飞行。

7.1.3 向前飞行

扫码看教学视频

向前飞行是指直接向前飞行无人机，下面介绍向前飞行无人机的操作方法。

步骤01 调整好镜头的角度，将右侧的摇杆缓慢地往上推，如图7-5所示。

图 7-5　将右侧的摇杆缓慢地往上推

步骤02 执行操作后，无人机即可向前飞行，如图7-6所示。

图 7-6　无人机向前飞行

7.1.4 向后飞行

如果用户想拍摄那种慢慢后退的镜头，就可以将无人机缓慢地向后飞行。下面介绍向后飞行的具体操作。

扫码看教学视频

步骤01 首先调整好镜头的角度，将右侧的摇杆缓慢地往下推，如图7-7所示。

图 7-7　将右侧的摇杆缓慢地往下推

步骤02 执行操作后，无人机即可向后倒退飞行，如图7-8所示。如果后退的无人机离用户越来越远，那么在视觉上会显得比较小。

图 7-8　无人机向后倒退飞行

★ 专家提醒 ★

向后倒退飞行无人机的过程中，用户一定要注意无人机的后面是否有障碍物或者危险对象。因为无人机在倒退的过程中，看不到背面的图传画面，我们只能用肉眼去观察环境。

7.1.5　向左飞行

向左飞行是指无人机向左方向飞行，下面介绍向左飞行的操作。

步骤 **01** 调整好镜头的角度，将右侧的摇杆缓慢地往左推，如图7-9所示。

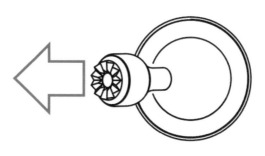

图 7-9　将右侧的摇杆缓慢地往左推

步骤 **02** 执行操作后，无人机即可向左飞行，如图7-10所示。

图 7-10　无人机向左飞行

7.1.6　向右飞行

向右飞行是指无人机向右边的方向飞行，与向左飞行的方向刚好相反。下面介绍向右飞行无人机的操作。

步骤01 调整好镜头的角度，将右侧的摇杆缓慢地往右推，如图7-11所示。

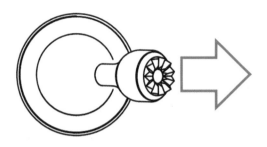

图 7-11　将右侧的摇杆缓慢地往右推

步骤02 执行操作后，无人机即可向右飞行，如图7-12所示。

图 7-12　无人机向右飞行

📷 7.2　6组常用飞行动作

学完上面6种入门级飞行动作，接下来我们学一些相对复杂的飞行动作。这些动作也是最常用的，能帮助用户更灵活地控制无人机的飞行。

7.2.1　原地转圈飞行

原地转圈又称为360°旋转，是指当无人机飞到高空后，可以进行360°的原地旋转，看看哪个方向的景色更美，再往相应的地点飞行；也可

扫码看教学视频

以在高空对地面进行360°的俯拍。360°旋转无人机的方法很简单，主要分为两种，一种是从右向左旋转，一种是从左向右旋转，下面介绍具体的飞行方法。

步骤01 当无人机处于高空中时，将左侧的摇杆缓慢地往左推，如图7-13所示。

步骤02 此时，无人机将从右向左进行360°旋转，如图7-14所示。

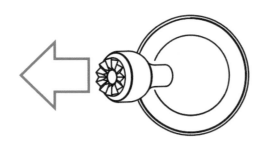

图 7-13　将左侧的摇杆缓慢地往左推　　　　图 7-14　无人机将从右向左进行旋转

步骤03 将左侧的摇杆缓慢地往右推，如图7-15所示。

步骤04 此时，无人机将从左向右进行360°旋转，如图7-16所示。

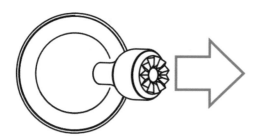

图 7-15　将左侧的摇杆缓慢地往右推　　　　图 7-16　无人机将从左向右进行旋转

7.2.2　圆环飞行

扫码看教学视频

画圆圈进行拍摄是指围绕某一个物体进行360°环绕飞行拍摄，这种飞行方式与原地旋转360°的飞行方式有很大的区别。本实例是通过移动无人机的位置让其飞行360°环绕拍摄的，难度会稍微大一点。

★ 专家提醒 ★

无人机中有一种智能飞行模式，名叫"兴趣点环绕"模式。这种飞行模式与本实例的画圆圈的飞行模式比较类似，都是以围绕某一物体进行360°旋转拍摄，只是镜头的拍摄角度会有所区别，在第9章将向用户进行详细介绍。

图7-17所示为以塔为中心聚焦点，让无人机围绕高塔360°飞行拍摄。

图 7-17　让无人机环绕飞行 360°

根据图7-17无人机画圆圈的飞行路线，具体操作如下。

步骤01 将无人机上升到一定高度，相机镜头朝前方。

步骤02 右手向上拨动右摇杆，无人机将向前进行飞行。推杆的幅度要小一点，油门给小一点。同时左手向左拨动左摇杆，使无人机向左进行旋转（这里需要注意一点，用户推杆的幅度，决定画圆圈的大小和完成飞行的速度）。

步骤03 上一步是向左旋转飞行的，如果用户希望无人机向右旋转飞行360°，只需要在向前进行飞行的同时，左手向右拨动左摇杆，即可向右画圆圈飞行360°。

7.2.3　方形飞行

扫码看教学视频

方形飞行是指使无人机按照设定的方形路线进行飞行。在方形飞行的过程中，相机的朝向不变，无人机的旋转角度不变，只需通过右摇杆的上下左右摇动，来调整无人机的飞行方向，如图7-18所示。

根据图7-18的方形飞行路线，向上拨动左摇杆，将无人机上升到一定的高度，保持无人机的相机镜头在用户站立的正前方，然后开始练习。具体操作如下。

步骤01 向左拨动右摇杆，无人机将向左进行飞行。

步骤02 连续向上拨动右摇杆，无人机将向前进行飞行。

步骤03 连续向右拨动右摇杆，无人机将向右进行飞行。

步骤04 连续向下拨动右摇杆，无人机将向后倒退飞行，悬停在刚开始起飞的位置。

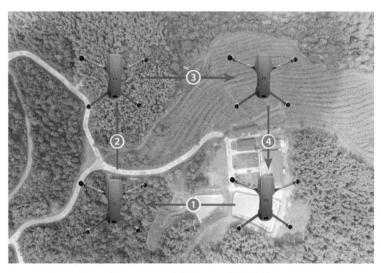

图 7-18　无人机方形飞行的路线

★ 专家提醒 ★

　　方形飞行动作其实就是7.1节6组入门级飞行动作的集合，一次性操作完上、下、左、右、前、后的飞行训练。

7.2.4　8字飞行

　　画8字飞行是比较有难度的一种飞行动作。当用户对前面几组飞行动作都已经很熟练以后，接下来就可以开始练习8字飞行了。8字飞行会用到左右摇杆的很多功能，需要左手和右手的完美配合。左摇杆需要控制好无人机的航向，即相机的方向；右摇杆需要控制好无人机的飞行方向。画8字的飞行路径如图7-19所示。

扫码看教学视频

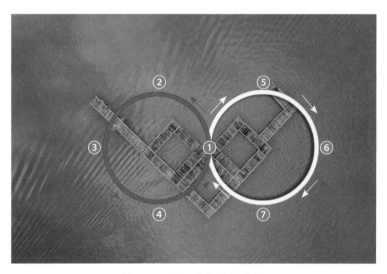

图 7-19　画 8 字的飞行路径

按照图7-19让无人机8字飞行，具体操作如下。

步骤01 根据7.2.2节的圆环飞行动作，逆时针飞一个圆圈。

步骤02 逆时针飞行完成后，立刻转换方向，通过向左或向右控制左摇杆，以顺时针的方向飞另一个圆圈。

这些飞行动作用户一定要反复多次练习，直到能非常熟练地用双手同时操作摇杆，才能很流畅地完成各种飞行动作。

★ 专家提醒 ★

如果用户对上面介绍的9组飞行动作都很熟练了，那么学习8字飞行还是非常容易的。只要你的无人机反应足够灵敏，就可以轻而易举地画出8字飞行轨迹。8字飞行也是无人机考证的重点考试内容，希望用户可以熟练掌握。

7.2.5　飞进飞出飞行

扫码看教学视频

前面4个小节都是单独训练左右摇杆的，帮助用户打好飞行基础。从本实例开始，将同时训练左右摇杆，帮助用户快速找到控制双摇杆的感觉。

下面介绍飞进飞出的飞行拍摄技巧。当控制无人机往前飞行一段路径后，通过向左或向右旋转180°，再往回飞。熟练掌握飞进飞出的飞行拍摄技巧，有利于用户找到双手同时操作无人机的感觉，如图7-20所示。

图 7-20　飞进飞出的飞行拍摄技巧

根据图7-20无人机飞进飞出的飞行路线，首先将无人机飞行到用户站立的正前方，上升到一定高度，相机镜头朝前方，然后再进行练习。具体操作如下。

步骤01 右手向上拨动右摇杆，无人机将向前进行飞行。

步骤 02 右手向上拨动右摇杆的动作保持不变，缓慢向前飞行的同时，左手向左拨动左摇杆，让无人机向左旋转180°。

步骤 03 旋转完成后，释放左手的摇杆；继续使用右手向上拨动右摇杆，无人机将向前飞行，也就是迎面飞回来。

步骤 04 飞到刚开始的位置后，继续使用左手向左拨动左摇杆，让无人机向左旋转180°；或者使用左手向右拨动左摇杆，让无人机向右旋转180°。

执行上述4个步骤的操作后，即可完成无人机飞进飞出的练习操作。

7.2.6 向上+向前飞行

扫码看教学视频

向上+向前飞行的动作需要结合左右手同时进行摇杆操作，才能达到向上的同时向前飞行，下面介绍具体的操作方法。

步骤 01 开启无人机后，将左侧的摇杆缓慢地往上推，如图7-21所示，无人机即可向上飞行。

图 7-21 将左侧的摇杆缓慢地往上推

步骤 02 将右侧的摇杆也缓慢地往上推，如图7-22所示，无人机即可向前飞行。

图 7-22 将右侧的摇杆缓慢地往上推

步骤03 执行操作后，即可实现无人机向上+向前飞行，如图7-23所示。

图 7-23　实现向上 + 向前的飞行效果

本章小结

本章主要向大家介绍了6种入门级飞行动作和6组常用飞行动作。希望大家可以学会向上飞行、向下降落、向前飞行、向后飞行、向左飞行和向右飞行的入门飞行动作；并逐渐学会原地转圈飞行、圆环飞行、方形飞行、8字飞行、飞进飞出飞行和向上+向前的常用飞行动作，助力飞行摄影。

课后习题

鉴于本章知识的重要性，为了帮助大家更好地掌握所学知识，本节将通过课后习题，帮助大家进行简单的知识回顾和补充。

1. 向上飞行的具体操作方法是什么？
2. 圆环飞行需要有围绕的中心点吗？

【视频摄像篇】

第8章

适合新手的简单
飞行拍摄方法

　　对新手来说，拍出一段流畅又富有美感的无人机航拍视频，
是一个新的挑战。在学习完前面几章基本的飞行知识与飞行动
作之后，大家可以试着从单张照片拍摄转向视频拍摄。同理，
还是基本的飞行动作与技巧，不过需要在飞行界面中把拍照模
式切换至录像模式。

8.1 拉升镜头：全面展示周围的环境

拉升镜头是无人机航拍中最为常规的镜头，无人机起飞的第一件事就是拉升飞行，无人机起飞后，即可开始拍摄。本节介绍几种常见的拉升镜头的拍法。

8.1.1 画面特点

拉升镜头是视野从低空升至高空的一个过程，直接展示了航拍的高度魅力。当我们拍摄人物及环境的时候，可以从下往上拍摄，全面展示拍摄的主体对象及周围的环境，如图8-1所示，这样的拉升镜头极具魅力。

图 8-1 拉升镜头画面效果展示

★ 专家提醒 ★

拉升镜头可以垂直俯视拉升，也可以平视拉升。根据画面需求，调整云台相机的角度。

8.1.2 实拍教学

扫码看教学视频

在用无人机拍摄拉升镜头之前，需要规划好拍摄路径，明确知道自己想要的效果，带着目标去拍摄。比如本次拉升镜头的拍摄，笔者就明确地想要上升到拍摄立交桥道路的全景，展示整体的大环境。下面介绍拍摄拉升镜头的具体过程。

步骤01 把无人机和遥控器的电源开启之后，将手机与遥控器连接好，进入DJI GO 4 App主界面，点击右侧的"开始飞行"按钮，进入DJI GO 4 App飞行界面。将两个操作杆同时往内摇，启动无人机的电机，向上推动左侧的摇杆（以"美国手"为例），将无人机上升飞行，拨动"云台俯仰"拨轮，调节云台的俯仰角度到-90°，垂直拍摄地面，让无人机飞行至离地面有一定高度的位置，如图8-2所示。

图 8-2 让无人机飞行至离地面有一定高度的位置

步骤02 继续缓慢地向上推动遥控器上左侧的摇杆，将无人机拉升飞行至一定高度的位置，如图8-3所示。

图 8-3 将无人机拉升飞行至一定高度的位置

步骤 03 当飞行高度超过120m的时候，飞行界面中弹出红色警告提示文字，提示用户注意安全，最好在获得空域授权的地方飞行，如图8-4所示。

图8-4　飞行界面中弹出红色警告提示文字

步骤 04 向上推动遥控器上左侧的摇杆，将无人机上升飞行至理想的高度，拍摄完整的立交桥道路全貌，如图8-5所示。在飞行拍摄的时候，如果画面构图不是理想中的效果，可以让无人机多拉升一些高度，拍摄更多的画面，后期就可以通过裁剪等操作，再次调整画面构图。

图8-5　将无人机上升飞行至理想的高度

8.2　下降镜头：从全景切换到局部细节

下降镜头的画面内容会从大景切换到小景，从全景切换到展示局部细节。在无人机飞行到一定高度的时候，就可以拍摄下降镜头。

8.2.1 画面特点

下降镜头是无人机在拍摄的时候做下降运动。下降的方式有垂直下降、斜向下降、弧形下降或不规则下降。降镜头可以带来画面视野的收缩效果，如图8-6所示，视点的下降，让被摄对象的细节越来越清晰了，景物类型也逐渐变单一了。

图8-6 下降镜头画面效果展示

★ 专家提醒 ★

如果用户已经可以熟练地掌控遥控器上的摇杆和转轮，在无人机下降的时候，可以灵活调节云台的俯仰角度，选择最佳的视觉角度拍摄。

8.2.2 实拍教学

扫码看教学视频

与拉升镜头的操作相反，把左侧摇杆往相反的方向推动，就可以拍摄下降镜头，实现画面景物内容的转换。下面介绍拍摄下降镜头的具体过程。

步骤01 在无人机飞行至离地面有一定高度的时候，缓慢地向下推动遥控器上左侧的摇杆，如图8-7所示。

图 8-7　无人机飞行至离地面有一定高度

步骤02 让无人机下降至一定的高度，可以看到画面中天空的范围变小了，而地面建筑就展示得越来越多了，如图8-8所示。

图 8-8　让无人机下降至一定的高度

步骤03 继续向下推动遥控器上左侧的摇杆，让无人机下降到江面上空的位置，以低角度的方式拍摄高楼建筑，如图8-9所示。

图 8-9 以低角度的方式拍摄高楼建筑

🔘 8.3 前进镜头：从前景环境转向主体

前进镜头是指无人机一直向前飞行运动，这是航拍最常用的镜头之一。无人机在前进的时候，从拍摄前景环境到逐渐展示被摄主体。

8.3.1 画面特点

无人机在向前飞行的时候，被摄主体从小变大、由模糊变清晰，前景环境也逐渐变少了，画面内容最后以被摄主体为主，如图8-10所示，可以看到画面中的塔越来越大。

图 8-10

大疆无人机摄影航拍与后期教程

图 8-10　前进镜头画面效果展示

8.3.2　实拍教学

在前进镜头中，被摄主体的位置一般都不会变动，无人机由远及近地推进被摄主体，景别范围会逐渐缩小。下面介绍拍摄前进镜头的具体过程。

扫码看教学视频

步骤01 采取平视角度，使镜头方向对准三汊矶大桥上的最高建筑物，将遥控器上右侧的摇杆缓慢地往上推，如图8-11所示。

图 8-11　使镜头方向对准三汊矶大桥上的最高建筑物

步骤02 无人机开始前进一段距离，可以看到江边附近的船只消失了，无人机与建筑物之间的距离也越来越短了，如图8-12所示。

图 8-12 无人机前进一段距离

步骤 03 继续向上推动遥控器上右侧的摇杆，无人机越过水面，向大桥上的最高建筑物推进，展示更加具体和清晰的建筑物画面，如图8-13所示。

图 8-13 无人机向大桥上的最高建筑物推进

★ 专家提醒 ★

在拍摄前进镜头的时候，一定要有目标对象，否则欠缺主体，观众也会迷惑。

8.4 后退镜头：展现目标所在的大环境

后退镜头俗称倒飞，是指无人机向后运动。后退镜头实际上是非常危险的一种运动镜头，因为有些无人机是没有后视避障功能的。而且在夜晚飞行的时候，无人机的后视避障功能是失效的，这个时候让无人机进行后退飞行就十分危险，因为你可能不清楚高空中的无人机身后是什么情况。

8.4.1 画面特点

无人机在后退飞行的时候，也可以微微向上抬升，进行拉高，全面地展现目标对象所处的大环境。图8-14所示就是用无人机以后退拉高手法拍摄的曾国藩故居，逐渐展现了一幅全景大画面。

图 8-14 后退镜头画面效果展示

8.4.2　实拍教学

扫码看教学视频

后退镜头最大的优势就是：无人机在后退的过程中不断有新的前景出现，从无到有，所以会给观众期待感，增强了画面的趣味性。下面介绍拍摄后退镜头的具体过程。

步骤01 无人机靠近并对准三汊矶大桥上中间的位置，将遥控器上右侧的摇杆缓慢地往下推，如图8-15所示。

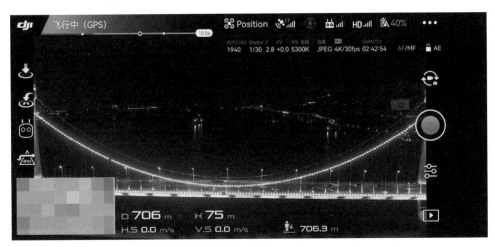

图 8-15　无人机靠近并对准三汊矶大桥上最高建筑物的侧面

步骤02 无人机后退一段距离，可以看到大桥与无人机之间的距离变长了一些，大桥上的建筑和江面上的小岛也渐渐露出来了，如图8-16所示。

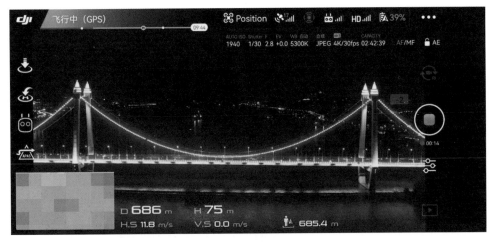

图 8-16　无人机后退一段距离

步骤03 继续向下推动遥控器上右侧的摇杆，无人机继续后退飞行，可以完整地看到大桥上的两座最高建筑，更多的前景和背景环境内容也出现在了画面中，如图8-17所示。

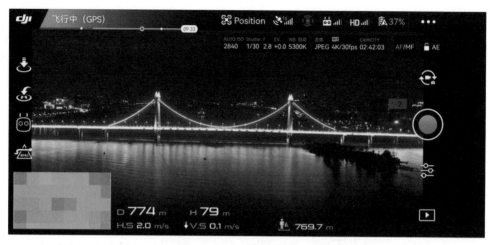

图 8-17　无人机继续后退飞行

8.5　俯视镜头：以上帝的视角航拍

俯视镜头完全朝向地面，也可以称之为"上帝视角"镜头。在航拍界，有些人认为俯视镜头才是真正的航拍镜头。俯视镜头完全不同于别的镜头语言，因为它的视角特殊。相信大家第一次看到俯视镜头的画面都会惊叹一声，被这种空中俯视的特殊景致所吸引。

8.5.1　画面特点

俯视镜头中最简单的一种就是俯视悬停镜头。将无人机悬停在高空中，云台相机90°朝下，拍摄移动的目标，如车流、游船及游泳的人等，拍摄的视频效果如图8-18所示。

图 8-18　俯视悬停镜头画面效果展示

俯视下降镜头则会让要拍摄的物体离镜头越来越近，从一个大环境缩小到局部的细节展示。利用无人机垂直向下俯拍车流，画面效果如图8-19所示。

图 8-19　俯视下降镜头画面效果展示

扫码看教学视频

8.5.2 实拍教学

在用无人机俯视拍摄静物的过程中，如果只悬停拍摄，那么画面就是静止的。所以，可以用下降或者左右移动的方式辅助拍摄，让视频画面具有动感。下面介绍拍摄俯视下降镜头的具体过程。

步骤01 让无人机飞行到一定的高度之后，拨动"云台俯仰"拨轮，调节云台的俯仰角度到-90°，拍摄大桥道路，将遥控器上左侧的摇杆缓慢地往下推，如图8-20所示。

图 8-20　用无人机俯视拍摄大桥道路

步骤02 让无人机俯视下降至一定的高度，离大桥越来越近，如图8-21所示。

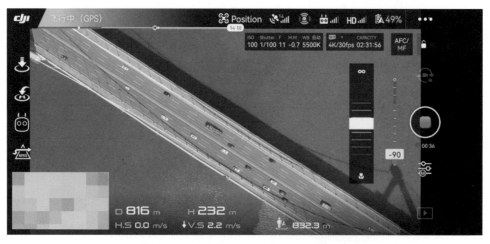

图 8-21　无人机俯视下降至一定的高度

步骤03 继续向下推动遥控器上左侧的摇杆，无人机继续俯视下降，可以看到画面中的车辆和道路都越来越清晰了，如图8-22所示。

图 8-22　无人机继续俯视下降

本章小结

本章主要向大家介绍了5种飞行拍摄方法，包含拉升镜头、下降镜头、前进镜头、后退镜头和俯视镜头。通过分析镜头的画面特点和实拍教学，希望可以帮助大家更好地飞行和航拍大片。

课后习题

鉴于本章知识的重要性，为了帮助大家更好地掌握所学知识，本节将通过课后习题，帮助大家进行简单的知识回顾和补充。

1. 如何用下降镜头航拍具体的高大建筑？

2. 在俯视镜头那一小节，介绍了几种俯视镜头？

第 9 章
高手常用的航拍运镜
拍摄技巧

当我们掌握了前面几章基本的飞行技巧后，接下来也需要
继续提升航拍技术，学习一些更高级的航拍运镜拍摄技巧，如
侧飞镜头、环绕镜头、旋转镜头。再熟悉 DJI GO 4 App 中的
智能飞行模式，比如影像模式、智能跟随、指点飞行等，帮助
大家拍出更具吸引力的视频画面。

🔘 9.1　侧飞镜头：展现画面两侧的环境

侧飞是指无人机侧着飞行，侧飞镜头可以连续地展现环境中的各个元素，让画面像一幅画卷一样延展开来。所以，侧飞镜头通常可以用来交代环境信息。

9.1.1　画面特点

当场景中的环境元素比较多的时候，就可以采用侧飞镜头，全面、完整地记录整幅画面。图9-1所示为侧飞镜头航拍橘子洲大桥左右两侧风景的视频画面，可以看到，用侧飞镜头可以从左至右地拍摄大桥两侧沿岸的风光，美丽的风景顿时一览无遗。

图 9-1　侧飞镜头画面效果展示

9.1.2 实拍教学

扫码看教学视频

除了用侧飞镜头拍摄全景画面，还可以用侧飞镜头跟踪目标对象，比如车流或者跑步的人物，突出被摄对象。侧飞镜头也适合用来拍摄横向距离比较长的物体，比如大桥或者长廊等建筑。下面介绍拍摄侧飞镜头的具体过程。

步骤01 控制无人机飞行至一定的高度，在大桥的右侧平视拍摄，缓慢地向左推动遥控器上右侧的摇杆，如图9-2所示。

图 9-2 无人机在大桥的右侧平视拍摄

步骤02 让无人机慢慢地向左飞行，飞行到大桥的中间，如图9-3所示。

图 9-3 让无人机慢慢地向左飞行

步骤03 继续向左推动遥控器上右侧的摇杆，让无人机继续向左侧飞，飞行到大桥的左侧，横向展示大桥的侧面，如图9-4所示。

图 9-4　让无人机飞行到大桥的左侧

9.2　环绕镜头：围绕目标物旋转拍摄

图 9-5　环绕镜头画面效果展示

环绕镜头是指无人机围着目标物进行圆周运动，俗称"刷锅"，相对来说这是一个比较有难度的飞行镜头。如今，大疆推出了智能飞行模式，让环绕镜头的拍法变得十分简单，直接在智能模式下框选目标作为兴趣点，让无人机飞行的时候围着目标物进行环绕飞行。

9.2.1　画面特点

图9-5所示为一段环绕镜头的视频画面，无人机在环绕拍摄的过程中，结合了后退拉高的拍法，改变了距离、高度与视角，让目标物越来越远。所以，在拍摄环绕镜头的时候，可以固定环绕半径，也可以灵活变动环绕半径，用环绕远离

来表现环境、环绕推进来突出目标本身。

9.2.2 实拍教学

本次环绕镜头是在"兴趣点环绕"智能飞行模式下拍摄的，用户只需算好环绕半径和框选目标物，就可以拍摄环绕镜头。下面介绍拍摄环绕镜头的具体过程。

步骤01 让无人机飞行到一定的高度，使镜头方向对准目标物，并测算好环绕半径，保证无人机在360°环绕的时候，周围的建筑、大树等环境元素不会挡住无人机。在飞行界面中点击"智能飞行"按钮，如图9-6所示。

图9-6 点击"智能飞行"按钮

步骤02 在弹出的界面中选择"兴趣点环绕"模式，如图9-7所示。

步骤03 ①用手指在屏幕上框选目标物；②选择顺时针方向旋转选项；③点击GO按钮，如图9-8所示，无人机测算完目标位置之后，就会开始环绕拍摄。

图9-7 选择"兴趣点环绕"模式

图 9-8　点击 GO 按钮

步骤 04 无人机以固定半径进行旋转运动，环绕至目标物背面的位置，如图9-9所示。

图 9-9　环绕至目标物背面的位置

步骤 05 无人机自动围绕目标物进行环绕运动之后，点击 ▋▋ 按钮暂停环绕，如图9-10所示，点击 ✖ 按钮可以结束环绕拍摄模式。

图 9-10　暂停环绕

9.3　旋转镜头：原地转圈增强趣味性

旋转镜头是笔者最喜欢的镜头之一，在实际拍摄过程中有一定的难度。旋转镜头不是指环绕镜头，环绕镜头始终有个明确的目标主体在画面中，操控也相对容易；而旋转镜头则是从无到有创造新的画面，航拍时需要精准掌控才能获得吸引人的效果。

9.3.1　画面特点

旋转镜头是比较生动和有趣的一种运镜技巧。图9-11所示为旋转镜头画面，用90°垂直俯视的角度，旋转拍摄长沙梅溪湖中的"城市岛"地标。

图 9-11　旋转镜头画面效果展示

★ 专家提醒 ★

在拍摄旋转镜头的时候，还可以升高或者降低无人机，让画面更灵动。

扫码看教学视频

9.3.2 实拍教学

在拍摄旋转镜头的时候，可以选择旋转90°、180°或者360°，让画面进行旋转变换。下面介绍拍摄旋转镜头的具体过程。

步骤01 调节云台的俯仰角度到-90°，垂直拍摄地面上的圆圈道路，并让无人机飞行至离地面有一定高度的位置，如图9-12所示。

图 9-12　让无人机垂直拍摄地面上的圆圈道路

步骤02 缓慢地向左推动遥控器上左侧的摇杆，将无人机进行逆时针旋转，旋转90°，如图9-13所示。

图 9-13　将无人机进行逆时针旋转

步骤03 继续向左推动遥控器上左侧的摇杆，将无人机逆时针旋转180°，展现镜像倒转的圆圈道路画面，如图9-14所示。

图9-14 将无人机逆时针旋转180°

9.4 智能飞行模式助你自动飞行

本节主要介绍无人机的智能飞行模式，帮助用户在飞行过程中省时省力，在短时间内就能快速拍出理想的航拍摄影作品。

9.4.1 影像模式

使用"影像模式"航拍视频时，无人机将以缓慢的速度飞行，不仅延长了无人机的刹车距离，也限制了无人机的飞行速度，让用户拍摄出来的画面稳定、流畅、不抖动。下面介绍使用"影像模式"拍摄的方法。

扫码看教学视频

步骤01 在DJI GO 4 App飞行界面中，❶点击左侧的"智能飞行"按钮；❷在弹出的界面中选择"影像模式"模式，如图9-15所示。

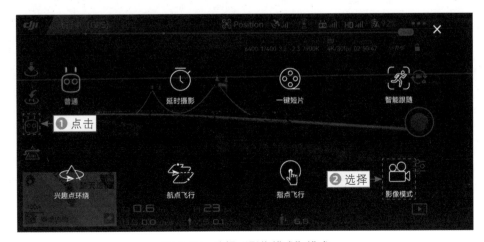

图9-15 选择"影像模式"模式

步骤 02 弹出提示信息框，提示用户关于影像模式的飞行简介，点击"确认"按钮，即可进入影像模式，如图9-16所示，无人机将缓慢地飞行，用户可以通过左右摇杆来控制无人机的飞行方向。

图 9-16　进入影像模式

9.4.2　智能跟随

扫码看教学视频

智能跟随模式是基于图像的跟随，可以对人、车、船等移动对象有识别功能。需要用户注意的是，使用"智能跟随"模式时，无人机要与跟随对象保持一定的安全距离，以免造成人身伤害。下面介绍使用"智能跟随"拍摄的方法。

步骤 01 在DJI GO 4 App飞行界面中，❶点击左侧的"智能飞行"按钮；❷在弹出的界面中选择"智能跟随"模式，如图9-17所示。

图 9-17　选择"智能跟随"模式

步骤02 弹出提示信息框，点击"好的"按钮，即可进入智能跟随模式，默认选择"普通"智能跟随模式，如图9-18所示。在屏幕中可以通过点击或框选的方式，设定无人机要跟随的目标对象。

图9-18　选择"普通"智能跟随模式

★ 专家提醒 ★

"平行"智能跟随模式可以让无人机跟在人物的两侧进行平行飞行。"锁定"智能跟随模式可以让无人机锁定目标对象，在没有摇杆的情况下，无人机机身在固定位置保持不动，但云台相机镜头会紧紧锁定和跟踪目标对象，用户也可以自主摇杆控制无人机的飞行方向与角度。

步骤03 ❶点击需要跟随的轮船，设定跟随目标，此时屏幕中锁定了目标对象，并显示一个控制条；❷微微向右滑动圆形的控制按钮，调整无人机的拍摄方向，如图9-19所示，让无人机跟随轮船，并微微向右侧飞行拍摄。

图9-19　调整无人机的拍摄方向

步骤04 无人机在跟随拍摄的过程中，当轮船远去的时候，也会自动调整镜头方向，并往右侧飞，如图9-20所示，点击█按钮即可结束智能跟随模式。

图9-20　无人机往右侧飞行跟随

9.4.3　一键短片

"一键短片"模式包括多种不同的拍摄方式，依次为渐远、环绕、螺旋、冲天、彗星及小行星等。无人机可以根据用户所选的方式持续拍摄特定时长的视频，然后自动生成一个短视频。下面介绍使用"一键短片"模式的操作方法。

扫码看教学视频

步骤01 在DJI GO 4 App飞行界面中，❶点击左侧的"智能飞行"按钮📷；❷在弹出的界面中选择"一键短片"模式，如图9-21所示。

图9-21　选择"一键短片"模式

步骤02 进入"一键短片"模式，❶选择"小行星"一键短片模式；❷在屏幕中通过框选的方式，设定轮船为目标对象；❸点击绿框右侧的GO按钮，如图9-22所示。

图 9-22　点击 GO 按钮

★ 专家提醒 ★

　　"一键短片"中的"环绕"模式是指无人机围绕目标对象环绕飞行一圈；"螺旋"模式是指无人机围绕目标对象飞行一圈，并逐渐上升和后退；"冲天"模式是指无人机的云台相机以垂直 90° 俯拍目标对象，然后垂直上升，距目标对象越来越高；"彗星"模式是指无人机以椭圆形的轨迹飞行，绕到目标后面然后又飞回到起点；"小行星"模式则可以拍摄一个从局部到全景的漫游小视频。

　　步骤 03 无人机开始拍摄，右侧显示了拍摄进度，如图9-23所示。

图 9-23　右侧显示了拍摄进度

　　步骤 04 拍摄完成后，可以在相册中查看拍摄好的视频，效果如图9-24所示。

图 9-24　查看拍摄好的视频

9.4.4　指点飞行

　　"指点飞行"是指用户可以指定一个区域，无人机向所选区域飞行。"指点飞行"主要包含3种飞行模式，一种是正向指点，一种是反向指点，还有一种是自由朝向指点，大家可根据实际需要选择相应的飞行模式。本节主要介绍反向指点飞行的相关内容，帮助大家更好地掌握这种飞行模式。

扫码看教学视频

　　步骤01 在DJI GO 4 App飞行界面中，❶点击左侧的"智能飞行"按钮 ；❷在弹出的界面中选择"指点飞行"模式，如图9-25所示。

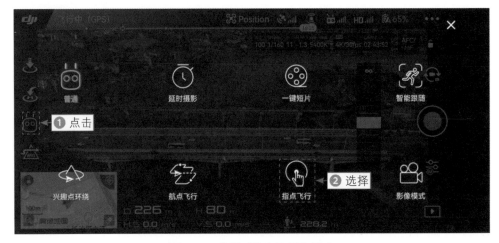

图 9-25　选择"指点飞行"模式

步骤02 弹出提示信息框，点击"好的"按钮，即可进入"指点飞行"模式。❶选择"反向指点"模式；❷点击屏幕中的一个区域，选中目标点，并点击GO按钮，如图9-26所示，即可让无人机朝着目标区域后退拉高飞行。

图9-26　点击 GO 按钮

★ 专家提醒 ★

"正向指点"模式会让无人机朝着目标区域的方向飞行；对于无避障功能的无人机，需要谨慎使用"自由朝向指点"模式。常用的模式主要是"正向指点"和"反向指点"。

步骤03 无人机将会匀速向后拉高飞行，远离目标区域，实现自动飞行拍摄，如图9-27所示。

图9-27　无人机远离目标区域飞行

9.4.5 延时摄影

延时摄影是指无人机会在设定的时间内自动拍摄一定数量的照片，再合成为一段延时视频。下面介绍使用"延时摄影"模式拍摄视频的具体操作。

步骤01 在DJI GO 4 App飞行界面中，❶点击左侧的"智能飞行"按钮🎮；❷在弹出的界面中选择"延时摄影"模式，如图9-28所示。

图 9-28 选择"延时摄影"模式

★ 专家提醒 ★

在智能飞行界面中，延时摄影共包含4种模式，有自由延时、环绕延时、定向延时和轨迹延时，用户可以根据视频需求选择相应的延时模式。

步骤02 在弹出的"延时摄影"面板中选择"定向延时"选项，如图9-29所示。

图 9-29 选择"定向延时"选项

步骤 03 弹出提示信息框，点击"好的"按钮，如图9-30所示。

图 9-30 点击"好的"按钮

步骤 04 默认的延时设置是拍摄间隔为2s、视频时长为5s、无人机的飞行速度是0.5m/s、需要拍摄125张照片，点击"视频时长"数值，如图9-31所示。

步骤 05 ❶设置视频的时长为10s；❷点击 ✅ 按钮确认修改，如图9-32所示，用户也可以选择其他的时长选项。

步骤 06 改变视频时长之后，点击"速度"数值，❶设置"速度"为2.0m/s，点击 ✅ 按钮确认修改，让无人机飞行的速度变快一些；❷点击"锁定航向"按钮，锁定航向；❸点击GO按钮，如图9-33所示，无人机开始前进飞行，并拍摄多张延时序列照片，在界面中会显示拍摄的进度。

图 9-31 点击"视频时长"数值

图 9-32　点击相应的按钮

图 9-33　点击 GO 按钮

步骤 07 照片拍摄完成后，界面下方会提示用户正在合成视频，如图9-34所示，等视频合成完成后，即可在相册中查看拍摄好的延时视频。

图 9-34　提示用户正在合成视频

本章小结

本章主要向大家介绍了高手常用的航拍运镜拍摄技巧，包含侧飞镜头、环绕镜头、旋转镜头和用智能飞行模式拍摄的镜头。希望学完本章之后，可以帮助大家拍摄出具有技术感和美感的视频。

课后习题

扫码看教学视频

鉴于本章知识的重要性，为了帮助大家更好地掌握所学知识，本节将通过课后习题，帮助大家进行简单的知识回顾和补充。

1. 环绕镜头可以用智能飞行模式中的哪个模式完成？
2. 如何用"平行"智能跟随模式拍摄视频？

【后期制作篇】

第 10 章
使用醒图 App
一键快速修照片

醒图 App 是一款功能强大的后期修图 App，无论是编辑
照片，还是添加滤镜和调色，都十分方便。其中不仅有各种各
样的滤镜，还可以添加文字和贴纸，为照片的调色和美化增加
了更多的奇趣体验。本章主要介绍如何在醒图 App 中进行图片
调节和美化照片，让无人机航拍的照片更加惊艳！

10.1 图片的基本调节

醒图App中的调节功能非常强大，而且都是非常基础的功能，学会这些基本调节操作，能让你的图片处理水平提高一个级别。本节将为大家介绍如何在醒图App中进行基本的图片调节处理。

10.1.1 二次构图

扫码看教学视频

【效果对比】：使用醒图中的构图功能可以对图片进行裁剪、旋转和校正处理。下面为大家介绍如何对图片进行二次构图，并改变画面的比例。原图与效果图对比如图10-1所示。

图 10-1　原图与效果图对比

二次构图的操作如下。

步骤01 打开醒图App，点击"导入"按钮，如图10-2所示。

步骤02 在"全部照片"选项卡中选择一张照片，如图10-3所示。

步骤03 进入醒图图片编辑界面，❶切换至"调节"选项卡；❷选择"构图"选项，如图10-4所示。

步骤04 ❶选择"正方形"选项，更改比例；❷点击"还原"按钮，如图10-5所示。

步骤05 复原比例，❶选择9∶16选项，更改比例样式；❷确定构图之后，点击✓按钮，如图10-6所示。

步骤06 预览效果，可以看到照片最终变成竖屏样式，裁剪了不需要的画面，还展示了更细节的画面内容，之后点击保存按钮↓将照片保存至相册中，如图10-7所示。

图 10-2　点击"导入"按钮

图 10-3　选择一张照片

图 10-4　选择"构图"选项

图 10-5　点击"还原"按钮

图 10-6　点击相应的按钮

图 10-7　点击保存按钮

★ 专家提醒 ★

除了选定比例样式进行二次构图，还可以拖曳裁剪边框进行构图。

10.1.2 局部调整

扫码看教学视频

【效果对比】：通过局部调整能够提高局部的亮度，也可以降低局部的亮度。本节案例主要是把天空部分提亮，让夕阳云彩更加美丽。原图与效果图对比如图10-8所示。

图 10-8　原图与效果图对比

局部调整的操作步骤如下。

步骤01 在醒图App中导入照片素材，❶切换至"调节"选项卡；❷选择"局部调整"选项，如图10-9所示。

步骤02 进入"局部调整"界面，弹出操作步骤提示，如图10-10所示。

步骤03 ❶点击画面中左上方天空的位置，添加一个点；❷向右拖曳滑块，设置"亮度"参数为100，提亮天空的亮度，如图10-11所示。

图 10-9　选择"局部调整"选项　　图 10-10　进入"局部调整"界面　　图 10-11　设置"亮度"参数

★ 专家提醒 ★

在"局部调整"界面中添加点之后，除了可以调整局部的"亮度"参数，还可以调整"对比度""饱和度""结构"等参数。

10.1.3　智能优化

扫码看教学视频

【效果对比】：使用醒图App里的智能优化功能可以一键处理照片，优化原图的色彩和明度，让照片画面更加亮丽。原图与效果图对比如图10-12所示。

图 10-12　原图与效果图对比

智能优化的操作步骤如下。

步骤01 在醒图App中导入照片素材，❶切换至"调节"选项卡；❷选择"智能优化"选项，如图10-13所示。

步骤02 优化照片画面之后，设置"亮度"参数为15，提亮画面，如图10-14所示。

步骤03 设置"自然饱和度"参数为100，让画面色彩更鲜艳一些，从而让照片更加美观，如图10-15所示。

图 10-13　选择"智能优化"
　　　　　选项

图 10-14　设置"亮度"参数

图 10-15　设置"自然饱和度"
　　　　　参数

10.1.4 结构处理

【效果对比】：使用醒图App里的结构功能可以让画面中的结构变得清晰起来，再通过调色处理，就可以拯救"废片"，获得一张心仪的照片。原图与效果图对比如图10-16所示。

图 10-16　原图与效果图对比

结构处理的操作步骤如下。

步骤01 在醒图App中导入照片素材，❶切换至"调节"选项卡；❷选择"结构"选项；❸设置其参数值为100，强化画面细节轮廓，如图10-17所示。

步骤02 设置"锐化"参数为17，让画面变清晰一些，如图10-18所示。

图 10-17　设置"结构"参数　　　图 10-18　设置"锐化"参数

步骤03 选择HSL选项，❶在HSL面板中选择绿色选项◯；❷设置"色相"参数为20、"饱和度"参数为100、"明度"参数为-43，调整画面中的绿色，使其偏暗绿一些，部分参数设置如图10-19所示。

步骤 04 ❶在HSL面板中选择橙色选项◯；❷设置"色相"参数为-100、"饱和度"参数为100，调整画面中橙色建筑上的色彩，让色彩更鲜艳一些，部分参数设置如图10-20所示。

图 10-19　设置相应的参数（1）

图 10-20　设置相应的参数（2）

步骤 05 设置"自然饱和度"参数为100，继续提亮画面色彩，如图10-21所示。

步骤 06 设置"饱和度"参数为59，再稍微提升一下色彩饱和度，让画面整体更惊艳一些，如图10-22所示。

图 10-21　设置"自然饱和度"参数

图 10-22　设置"饱和度"参数

10.2 添加文字和贴纸

学会了图片的基本调节之后，还需要学习在醒图App中添加文字和贴纸，让图片内容更加丰富，形式更加多样。本节将为大家介绍如何在醒图中添加文字和贴纸。

10.2.1 添加文字

扫码看教学视频

【效果对比】：在醒图中有很多文字模板，根据需要添加相应的文字模板，并且更改相应的文字内容，就能突出照片主题，让画面内容更加丰富。原图与效果图对比如图10-23所示。

图 10-23　原图与效果图对比

添加文字的操作步骤如下。

步骤01 在醒图App中导入照片素材，切换至"文字"选项卡，如图10-24所示。

步骤02 弹出相应的面板，❶在"文字模板"选项卡中展开"标题"选项区；❷选择一款文字模板，如图10-25所示。

图 10-24　切换至"文字"选项卡　　　　图 10-25　选择一款文字模板

步骤 03 ❶双击文字；❷更改部分文字内容，如图10-26所示。

步骤 04 微微缩小文字，并调整文字的画面位置，使其处于画面左上角，如图10-27所示。

图 10-26 更改部分文字内容

图 10-27 调整文字的画面位置

步骤 05 点击✔按钮确认操作，继续点击"新建文本"按钮，如图10-28所示。

步骤 06 ❶展开"时间"选项区；❷选择文字模板；❸更改文字内容，并调整文字的大小和位置，如图10-29所示。

图 10-28 点击"新建文本"按钮

图 10-29 调整文字的大小和位置

10.2.2　添加贴纸

扫码看教学视频

【效果对比】：醒图App里的贴纸样式非常丰富，除了文字贴纸，还有各种卡通贴纸和表情包贴纸，添加贴纸能够增强图片的趣味性。原图与效果图对比如图10-30所示。

图 10-30　原图与效果图对比

添加贴纸的操作步骤如下。

步骤01 在醒图App中导入照片素材，切换至"贴纸"选项卡，如图10-31所示。

步骤02 弹出相应的面板，❶在搜索栏中输入"爱心"；❷点击"搜索"按钮；❸选择一款爱心贴纸；❹调整贴纸的大小和位置，如图10-32所示。

步骤03 ❶再选择同款爱心贴纸；❷调整其大小和位置，如图10-33所示。

图 10-31　切换至"贴纸"选项卡　　图 10-32　调整贴纸的大小和位置　　图 10-33　调整大小和位置

步骤04 ❶输入"长沙"；❷点击"搜索"按钮；❸选择一款贴纸，如图10-34所示。

步骤05 ❶调整贴纸的大小和位置；❷点击"加贴纸"按钮，如图10-35所示。

步骤 06 ❶搜索"地标"贴纸；❷选择一款贴纸；❸调整其大小和位置，如图10-36所示。

图 10-34　选择一款贴纸　　图 10-35　点击"加贴纸"按钮　　图 10-36　调整其大小和位置

🌐 10.3　其他操作

在醒图App中有滤镜功能，可以一键调色；还有拼图功能，可以把多张图片拼接在一起；使用消除笔功能则可以把不需要的画面内容消除掉；使用漫画玩法功能可以实现漫画场景效果；使用AI绘图功能还可以实现天马行空的图片效果。本节将为大家介绍这些常用功能的用法。

10.3.1　添加滤镜

【效果对比】：为了让照片更有大片感，通过在醒图 App 中添加相应的电影级滤镜，就可以一键实现提升照片质感。原图与效果图对比如图 10-37 所示。

扫码看教学视频

图 10-37　原图与效果图对比

添加滤镜的操作步骤如下。

步骤01 在醒图App中导入照片素材，❶切换至"滤镜"选项卡；❷展开"电影"选项区；❸选择"青橙"滤镜，初步调色，如图10-38所示。

步骤02 ❶切换至"调节"选项卡；❷选择HSL选项，如图10-39所示。

步骤03 ❶在HSL面板中选择红色选项〇；❷设置"色相"参数为 -100、"饱和度"参数为100、"亮度"参数为 -100，调整画面中夕阳云彩的色调，部分参数设置如图 10-40 所示。

图 10-38 选择"青橙"滤镜

图 10-39 选择 HSL 选项

图 10-40 设置相应的参数

10.3.2 多图拼接

扫码看教学视频

【效果展示】：在醒图App中通过导入图片就能实现多图拼接，制作高级感拼图，让多张照片同时出现在一个画面中。效果展示如图10-41所示。

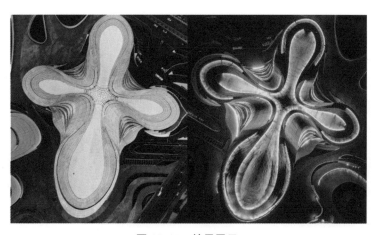
图 10-41 效果展示

多图拼接的操作步骤如下。

步骤 01 打开醒图App，点击"拼图"按钮，如图10-42所示。

步骤 02 ❶依次选择相册里的照片；❷点击"完成"按钮，如图10-43所示。

步骤 03 ❶选择9：16选项；❷选择一个排列样式，进行拼图，如图10-44所示。

图 10-42　点击"拼图"按钮　　图 10-43　点击"完成"按钮　　图 10-44　选择一个排列样式

步骤 04 ❶选择底下的照片；❷选择"垂直翻转"选项，翻转画面，如图10-45所示。

步骤 05 保存拼图并再次导入到醒图App中，❶切换至"调节"选项卡；❷选择"构图"选项，如图10-46所示。

步骤 06 ❶切换至"旋转"选项卡；❷选择"向左90°"选项旋转画面，如图10-47所示。

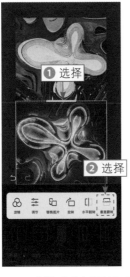  

图 10-45　选择"垂直翻转"选项　图 10-46　选择"构图"选项　图 10-47　选择"向左90°"选项

扫码看教学视频

10.3.3 消除笔功能

【效果对比】：使用消除笔功能可以去除画面中不需要的部分，运用画笔涂抹的方式操作，步骤十分简单。下面介绍如何用消除笔功能去掉画面中的水印文字，原图与效果图对比如图10-48所示。

图 10-48　原图与效果图对比

使用消除笔功能的操作步骤如下。

步骤01 在醒图App中导入照片素材，❶切换至"人像"选项卡；❷选择"消除笔"选项，如图10-49所示。

步骤02 ❶设置画笔"大小"参数为38；❷涂抹画面中的文字，如图10-50所示。

步骤03 即可消除不需要的水印文字，如图10-51所示。

图 10-49　选择"消除笔"选项　　图 10-50　涂抹画面中的文字　　图 10-51　消除水印文字

★ 专家提醒 ★

用消除笔功能去水印比用马赛克方便一些，使用消除笔可以无痕操作，马赛克则会留下一些痕迹。

10.3.4　漫画玩法

扫码看教学视频

【效果对比】：在醒图中利用漫画玩法功能，可以把现实中的场景变得像从漫画中出来的一样，让你得到一张风格不一样的照片。原图与效果图对比如图10-52所示。

图 10-52　原图与效果图对比

漫画玩法的操作步骤如下。

步骤01 在醒图App中导入照片素材，切换至"玩法"选项卡，如图10-53所示。

步骤02 弹出相应的面板，❶展开"漫画"选项区；❷选择"经典漫画"选项，即可转换画面，如图10-54所示。

图 10-53　切换至"玩法"选项卡　　　　图 10-54　选择"经典漫画"选项

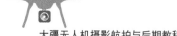
10.3.5 AI绘画

扫码看教学视频

【效果对比】：AI绘画是现在很流行的一种玩法，能让你的照片瞬间变得截然不同，充满想象的空间。原图与效果图对比如图10-55所示。

图 10-55　原图与效果图对比

AI绘画功能的应用如下。

步骤01 打开醒图App，点击"AI绘画"按钮，如图10-56所示，在相册中选择一张照片。

步骤02 在AI-CG选项区中选择"璀璨神明"选项，即可实现智能绘画，如图10-57所示。

图 10-56　点击"AI 绘画"按钮

图 10-57　选择"璀璨神明"选项

★ 专家提醒 ★

AI（Artificial Intelligence）指由人类制造出来的机器所表现出来的智能，CG（Computer Graphics）是指通过计算机软件所绘制的一切图形的总称，AI-CG是指智能绘画。

本章小结

本章主要向大家介绍了在醒图App中进行图片编辑的操作步骤，包含图片的基本调节、添加文字和贴纸等其他操作。帮助大家学会二次构图、局部调整、智能优化、结构处理、添加文字、添加贴纸、添加滤镜、进行多图拼接，以及学会消除笔、漫画玩法和AI绘画等功能的使用。通过对本章的学习，希望大家可以掌握在醒图App中编辑图片的方法。

课后习题

扫码看教学视频

鉴于本章知识的重要性，为了帮助大家更好地掌握所学知识，本节将通过课后练习，帮助大家进行简单的知识回顾和补充。

本习题需要大家学会在醒图App中进行批量修图，原图与效果图对比如图10-58所示。

图 10-58　原图与效果图对比

第 11 章
使用剪映 App 剪辑视频

剪映 App 是一款非常火热的视频剪辑软件，大部分抖音用户都会用其进行剪辑操作。本章主要介绍如何在剪映 App 中进行基本的后期处理，主要有视频基本剪辑操作、添加视频特效，以及添加字幕与背景音乐等。学习这些剪辑技巧，让大家在学会无人机航拍之后，还能独立自主地完成剪辑，随心所欲地制作大片。

11.1 视频的基本剪辑操作

剪映App是目前比较流行的一款视频剪辑软件，能让你轻松地制作出高质量的视频作品。剪映App直接将强大的编辑器呈现在用户面前，导入、剪辑、变速、编辑及调色是视频素材的基本处理操作，熟练掌握这些基本的视频剪辑操作，就可以随心制作出理想的视频效果。

11.1.1 快速剪辑视频片段

【效果展示】：在剪映App中导入视频之后就可以快速剪辑片段了。剪辑画面就是裁剪素材，只留下自己想要的片段。效果展示如图11-1所示。

扫码看教学视频

图 11-1　效果展示

快速剪辑视频片段的操作方法如下。

步骤01 打开剪映App，点击"开始创作"按钮，如图11-2所示。

步骤02 ❶选择视频；❷选中"高清"复选框；❸点击"添加"按钮，如图 11-3 所示。

图 11-2　点击"开始创作"按钮　　　图 11-3　点击"添加"按钮

步骤 **03** ❶选择素材；❷拖曳时间轴至第8s的位置；❸点击"分割"按钮，如图11-4所示。

步骤 **04** 分割片段之后，默认选择第2段素材，点击"删除"按钮，如图11-5所示。

图 11-4　点击"分割"按钮

图 11-5　点击"删除"按钮

步骤 **05** 删除片段之后，❶拖曳时间轴至视频起始位置；❷选择素材；❸向右拖曳素材左侧的白色边框至视频第1s的位置，再删去片头的部分画面，如图11-6所示。

步骤 **06** 最后点击右上角的"导出"按钮，如图11-7所示，导出剪辑好的视频。

图 11-6　拖曳白色边框

图 11-7　点击"导出"按钮

大疆无人机摄影航拍与后期教程

11.1.2　对视频进行变速处理

扫码看教学视频

【效果展示】：在剪映中通过设置变速参数，可以让视频慢速播放，同时开启智能补帧功能，制作慢动作画面，也可以让视频快速播放。效果展示如图11-8所示。

图 11-8　效果展示

对视频进行变速处理的操作步骤如下。

步骤01　在剪映 App 中导入素材；❶选择素材；❷点击"变速"按钮，如图11-9所示。

步骤02　在弹出的二级工具栏中点击"常规变速"按钮，如图11-10所示。

步骤03　❶设置"变速"参数为0.5x；❷选中"智能补帧"复选框，如图11-11所示，可以看到视频时长由14.4s变成了28.8s，延长了播放时间。

图 11-9　点击"变速"按钮　图 11-10　点击"常规变速"　图 11-11　选中"智能补帧"
　　　　　　　　　　　　　　　　　　　　按钮　　　　　　　　　　　复选框

步骤04　设置"变速"参数为2.0x，让视频进行二倍速播放，如图11-12所示。

步骤05　点击✓按钮确认操作，点击"添加音频"按钮，如图11-13所示。

164

步骤06 最后为视频添加合适的背景音乐，如图11-14所示。

图 11-12 设置"变速"参数　图 11-13 点击"添加音频"按钮　图 11-14 添加合适的背景音乐

11.1.3 对视频进行编辑

【效果对比】：对于一些画面倾斜、颠倒的视频，可以在剪映App中利用视频编辑功能调整视频画面。还可以裁剪视频，改变视频的比例。编辑前后效果对比如图11-15所示。

扫码看教学视频

图 11-15 效果对比

对视频进行编辑的操作步骤如下。

步骤01 在剪映App中导入素材，❶选择素材；❷点击"编辑"按钮，如图11-16所示。

步骤02 在弹出的二级工具栏中点击"镜像"按钮，翻转画面，如图11-17所示。

步骤03 连续点击"旋转"按钮两次，转正颠倒的画面，如图11-18所示。

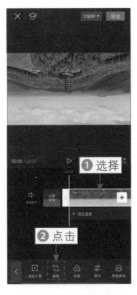
图 11-16　点击"编辑"按钮

图 11-17　点击"镜像"按钮

图 11-18　点击"旋转"按钮

步骤 04 点击"裁剪"按钮，❶在"裁剪"面板中选择4∶3样式，改变画面比例；❷调整画面内容，如图11-19所示。

步骤 05 点击✅按钮确认操作，即可裁剪画面，改变视频的尺寸，如图11-20所示。

图 11-19　调整画面内容

图 11-20　调整后的画面

★ 专家提醒 ★

　　在"裁剪"面板中还可以拖曳视频画面边框，自由裁剪画面；通过调整旋转角度参数，也可以顺时针或者逆时针旋转视频画面。

11.1.4 调整视频的色调

【效果对比】：用手机录制的视频画面，可能画面的色彩没有达到我们的要求，此时可以通过剪映App中的调色功能对视频画面的色彩进行调整。调整前后效果对比如图11-21所示。

图 11-21 效果对比

调整视频色调的操作步骤如下。

步骤01 在剪映App中导入素材，❶选择素材；❷点击"滤镜"按钮，如图11-22所示。

步骤02 ❶展开"影视级"选项区；❷选择"青橙"滤镜，如图11-23所示，切换至"调节"选项卡。

图 11-22 点击"滤镜"按钮　　　　图 11-23 选择"青橙"滤镜

步骤03 ❶选择"光感"选项；❷设置其参数值为15，增加画面曝光，如图11-24所示。

步骤04 设置"色温"参数为36，让画面偏暖色调一些，如图11-25所示。

大疆无人机摄影航拍与后期教程

图 11-24　设置"光感"参数

图 11-25　设置"色温"参数

步骤05 在"调节"选项卡中选择HSL选项，如图11-26所示。

步骤06 ❶默认选择红色选项◎；❷设置"饱和度"参数为100，调整橙红色夕阳的色彩，如图11-27所示。

图 11-26　选择 HSL 选项

图 11-27　设置"饱和度"参数

11.1.5　设置比例和背景

扫码看教学视频

【效果展示】：在手机中播放视频，竖版视频是最合适的浏览模式，但是边缘会出现大量的黑边，此时就需要添加合适的背景，让画面更有美感。效果展示如图11-28所示。

图 11-28　效果展示

设置比例和背景的操作步骤如下。

步骤01　在剪映App中导入素材，点击"比例"按钮，如图11-29所示。

步骤02　在弹出的二级工具栏中选择9∶16选项，更改比例，如图11-30所示。

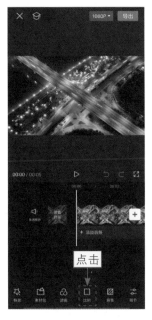

图 11-29　点击"比例"按钮　　　　图 11-30　选择 9∶16 选项

步骤03 点击☑️按钮，点击"背景"按钮，如图11-31所示。

步骤04 在弹出的工具栏中点击"画布样式"按钮，如图11-32所示。

步骤05 在"画布样式"面板中选择一个样式，更改背景，如图11-33所示。

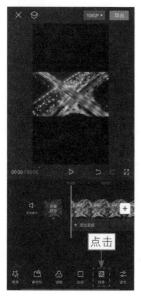

图 11-31 点击"背景"按钮   图 11-32 点击"画布样式"   图 11-33 选择背景样式
　　　　　　　　　　　　　　　　按钮

🔘 11.2 添加视频特效

当我们剪辑好视频片段后，接下来可以为视频添加一些炫酷的特效，让视频画面更加吸引观众的眼球。本节主要介绍添加视频特效的操作步骤。

11.2.1 为视频添加开场特效

【效果展示】：为了让视频开场就吸引观众，可以为视频添加一些开场特效，为视频增加亮点。效果展示如图11-34所示。

扫码看教学视频

图 11-34 效果展示

为视频添加开场特效的操作步骤如下。

步骤 01 在剪映App中导入素材，点击"特效"按钮，如图11-35所示。

步骤 02 在弹出的二级工具栏中点击"画面特效"按钮，如图11-36所示。

步骤 03 ❶切换至"基础"选项卡；❷选择"纵向开幕"特效，如图11-37所示。

图 11-35　点击"特效"按钮　　图 11-36　点击"画面特效"按　　图 11-37　选择"纵向开幕"
钮（1）　　　　　　　　　特效

　　步骤 04 点击✅按钮确认添加开场特效，在视频第2s左右的位置点击"画面特效"按钮，如图11-38所示。

　　步骤 05 ❶切换至Bling选项卡；❷选择"温柔细闪"特效，叠加特效，如图11-39所示。

图 11-38　点击"画面特效"按钮（2）　　　　图 11-39　选择"温柔细闪"特效

大疆无人机摄影航拍与后期教程

11.2.2　为视频添加边框特效

扫码看教学视频

【效果展示】：剪映中的边框特效可以让视频边缘变得有形式感一些，比如添加现场录制效果的边框，让画面有现场感，同时可以再叠加一些自然特效。效果展示如图11-40所示。

图 11-40　效果展示

为视频添加边框特效的操作步骤如下。

步骤01 在剪映App中导入素材，点击"特效"按钮，如图11-41所示。

步骤02 在弹出的二级工具栏中点击"画面特效"按钮，如图11-42所示。

步骤03 ❶切换至"边框"选项卡；❷选择"录制边框Ⅱ"特效，为视频添加边框特效，如图11-43所示。

图 11-41　点击"特效"按钮　　图 11-42　点击"画面特效"按　　图 11-43　选择"录制边框Ⅱ"
　　　　　　　　　　　　　　　　　　钮（1）　　　　　　　　　　　　　　　　特效

步骤04 点击✓按钮确认添加，继续点击"画面特效"按钮，如图11-44所示。

步骤05 ❶切换至"自然"选项卡；❷选择"晴天光线"特效，如图11-45示。

172

步骤06 叠加特效，再调整两段特效的时长，使其与视频的时长一致，如图11-46所示。

图 11-44　点击"画面特效"　　　图 11-45　选择"晴天光线"　　　图 11-46　调整两段特效的时长
　　　　　　　按钮（2）　　　　　　　　　　　特效

11.3　添加字幕与背景音乐

视频画面处理完成后，接下来可以为视频添加字幕效果和合适的背景音乐，突出视频主题，并让视频"有声有色"。本节主要介绍添加字幕与背景音乐的操作步骤。

11.3.1　为视频添加字幕

【效果展示】：我们在刷短视频的时候，常常可以看到很多短视频中都添加了字幕，或是歌词，或是语音解说，让观众在短短几秒内就能看懂更多视频内容，同时这些文字还有助于观众记住发布者要表达的信息，吸引他们点赞和关注。效果展示如图11-47所示。

扫码看教学视频

图 11-47　效果展示

为视频添加字幕的操作步骤如下。

步骤01 在剪映App中导入素材，点击"文字"按钮，如图11-48所示。

步骤02 在弹出的二级工具栏中点击"新建文本"按钮，如图11-49所示。

图 11-48　点击"文字"按钮

图 11-49　点击"新建文本"按钮

步骤03 ❶输入文字内容；❷展开"书法"选项区；❸选择字体，如图11-50所示。

步骤04 ❶切换至"样式"选项卡；❷设置"字号"参数为20，放大文字，如图11-51所示。

图 11-50　选择字体

图 11-51　设置"字号"参数

步骤 05 ❶切换至"花字"选项卡；❷选择花字样式，如图11-52所示。

步骤 06 ❶切换至"动画"选项卡；❷选择"溶解"入场动画；❸设置动画时长为1.5s，如图11-53所示。

图 11-52 选择花字样式

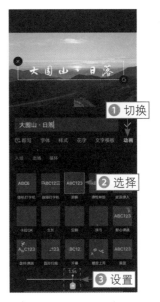

图 11-53 设置动画时长

步骤 07 ❶展开"出场"选项区；❷选择"溶解"动画，如图11-54所示。

步骤 08 调整文字素材的时长，使其与视频的时长一致，如图11-55所示。

图 11-54 选择"溶解"动画

图 11-55 调整文字素材的时长

11.3.2　为视频添加背景音乐

扫码看教学视频

【效果展示】：在剪映App中，我们可以为视频添加一些抖音中比较热门的背景音乐，让制作的视频更受观众的喜爱。画面效果展示如图11-56所示。

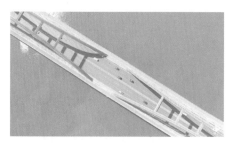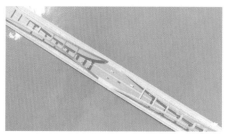

图 11-56　画面效果展示

为视频添加背景音乐的操作步骤如下。

步骤 01　在剪映App中导入视频素材，依次点击"音频"按钮和"音乐"按钮，如图11-57所示。

步骤 02　在"添加音乐"界面中选择"抖音"选项，如图11-58所示。

图 11-57　点击"音乐"按钮　　　　图 11-58　选择"抖音"选项

步骤 03　❶选择一首音乐试听；❷点击所选音乐右侧的"使用"按钮，如图11-59所示。

步骤 04　添加音乐，❶选择音频素材；❷拖曳时间轴至视频末尾位置；❸点击"分割"按钮，分割音频；❹默认选择分割后的第2段音频素材，点击"删除"按钮，如图11-60所示。

图 11-59 点击"使用"按钮

图 11-60 点击"删除"按钮

步骤05 删除多余的音频素材后，❶选择音频素材；❷点击"淡化"按钮，如图11-61所示。

步骤06 设置"淡出时长"参数为1.4s，让音乐结束得更加自然一些，如图11-62所示。

图 11-61 点击"淡化"按钮

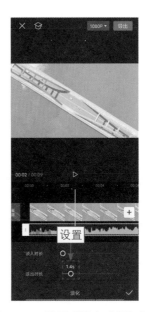

图 11-62 设置"淡出时长"参数

本章小结

本章主要向大家介绍了在剪映App中剪辑视频的操作，包含视频的基本剪辑操作、添加视频特效和添加字幕与背景音乐。帮助大家学会快速剪辑视频片段、对视频进行变速处理和编辑、调整视频的色调、设置比例和背景、添加开场视频特效和边框特效、添加字幕和背景音乐等功能。通过对本章的学习，希望大家可以独立创作和剪辑短视频，并为短视频添加更多有特色的内容。

课后习题

鉴于本章知识的重要性，为了帮助大家更好地掌握所学知识，本节将通过课后练习，帮助大家进行简单的知识回顾和补充。

扫码看教学视频

本习题需要大家学会在剪映App中添加视频闭幕特效，效果展示如图11-63所示。

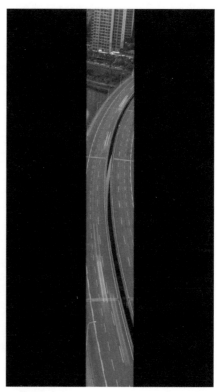

图 11-63　效果展示